"十三五"应用型人才培养规划教材

常用工具软件项目教程

◎ 王芳 张庆玲 主编

刘莉娜 郭洪兵 陆洲 陈江 副主编

清华大学出版社

北京

内 容 简 介

本书主要讲解常用工具软件的使用方法,内容包括工具软件使用基础、磁盘与文件管理工具、系统维护与管理工具、电子阅读与翻译工具、图像处理工具、音视频工具、网络通信传输工具、智能办公工具、光盘刻录工具等。

本书采用项目式和分解任务的写法,每个任务主要由任务目标、相关知识和任务实施 3 个部分组成,然后进行强化实训。在每个项目的最后总结并解析常见疑难问题,并且安排相应的练习和实践。本书着重培养学生的实际应用能力,将职业场景引入课堂教学,有利于学生提前进入工作角色。

本书适合作为高等职业院校计算机应用等相关专业的教材,也可以作为相关培训机构的教材,还是一本写给计算机初学者的自学教材。

图书在版编目(CIP)数据

常用工具软件项目教程/王芳,张庆玲主编. —北京:清华大学出版社,2017(2021.1重印)
("十三五"应用型人才培养规划教材)
ISBN 978-7-302-46318-4

Ⅰ. ①常… Ⅱ. ①王… ②张… Ⅲ. ①工具软件-高等职业教育-教材 Ⅳ. ①TP311.56

中国版本图书馆 CIP 数据核字(2017)第 021368 号

责任编辑:王剑乔
封面设计:刘 键
责任校对:李 梅
责任印制:沈 露

出版发行:清华大学出版社
  网 址:http://www.tup.com.cn,http://www.wqbook.com
  地 址:北京清华大学学研大厦 A 座   邮 编:100084
  社 总 机:010-62770175   邮 购:010-62786544
  投稿与读者服务:010-62776969,c-service@tup.tsinghua.edu.cn
  质量反馈:010-62772015,zhiliang@tup.tsinghua.edu.cn
  课件下载:http://www.tup.com.cn,010-83470410
印 装 者:三河市少明印务有限公司
经 销:全国新华书店
开 本:185mm×260mm   印 张:17.75   字 数:428 千字
版 次:2017 年 5 月第 1 版   印 次:2021 年 1 月第 5 次印刷
定 价:49.00 元

产品编号:073170-02

前言

FOREWORD

　　近年来,随着职业教育领域的改革与发展,计算机软、硬件不断升级,以及教学方式的推陈出新,市场上很多有关工具软件方面的教材涉及的软件版本、硬件型号及教学结构等不再适应现阶段技术发展及学生今后工作的需要。因此,本着"工学结合"的原则,我们在教学方法、教学内容、教学资源等方面紧跟时代步伐,精心编写了这本教材。

　　本书特点如下所述。

　　(1) 在教学方法方面,精心设计"情景导入→任务→实训→常见疑难解析→拓展知识→课后练习"6个环节。将职业场景引入课堂教学,激发学生的学习兴趣,然后在任务的驱动下,实现"做中学,做中教"的教学理念。最后,有针对性地解答常见问题,并通过练习,帮助学生全方位地提升专业技能。

　　(2) 在教学内容方面,本书循序渐进地帮助学生掌握使用常用工具软件的方法,并能通过使用工具软件完成各项任务。本书共有9个项目,从工具软件使用基础讲起,分别介绍了磁盘与文件管理工具、系统维护与管理工具、电子阅读与翻译工具、图像处理工具、音视频工具、网络通信传输工具、智能办公工具、光盘刻录工具等内容。

　　(3) 本书在写法上,通俗易懂,图文并茂。知识点的讲解和实例操作分析都采用通俗易懂的语言,并穿插介绍一些实用技巧,有助于拓展学生的思维,体会编程的乐趣。

　　(4) 拓宽知识,注重实操。本书的指导思想是在讲授理论知识的基础上,重点培养学生的实际操作能力,因此,书中设计了大量的实训和课后练习,并在此基础上介绍相关的拓展知识,解答疑难问题,以便学生能够较快地进入工作角色。

　　本书主编为王芳(包头轻工职业技术学院)、张庆玲(包头轻工职业技术学院),副主编为刘莉娜(包头轻工职业技术学院)、陆洲(包头轻工职业技术学院)、郭洪兵(包头轻工职业技术学院)、陈江(包头轻工职业技术学院)。其中,王芳编写项目1和项目2,张庆玲编写项目3和项目4,刘莉娜编写项目5和项目6,陆洲编写项目7,郭洪兵编写项目8,陈江编写项目9。虽然编者在编写过程中倾注了大量心血,但恐百密之中仍有疏漏,恳请广大读者及专家不吝赐教。

编　者

2017 年 1 月

目录

CONTENTS

项目 1

工具软件使用基础

小张：小王，你会不会使用工具软件？工具软件是办公人员必备的技能之一，要不，先教你一些基本知识。

小王：可以啊！但这些工具软件从哪里下载？如何安装呢？

小张：当然是从网上下载，通常使用专业的下载软件——迅雷。安装软件的操作也比较简单。当然，对于你这种新手，可以使用虚拟机模拟软件的安装操作。

小王：虚拟机是什么？是新的电脑型号吗？它有什么用途？

小张：别急别急，下面慢慢介绍。

- 了解获取工具软件的基本方法。
- 掌握工具软件安装与卸载的操作方法。
- 掌握使用迅雷下载软件的操作方法。
- 了解虚拟机的相关知识和基本使用方法。

- 能够熟练安装和卸载工具软件。
- 能使用迅雷下载需要的软件。
- 学会 Oracle VM VirtualBox 的使用方法。

任务 1　安装与卸载工具软件

操作系统和大型商业应用软件以外的一些软件称为工具软件。它是针对用户为实现某种功能或要求而开发的软件。工具软件可以直接安装到计算机中使用。由于工具软件较为小巧,因此其安装操作相对大型商业软件来说更简单,安装步骤和时间更简短。当然,使用工具软件后如果不满意,可将其卸载。

一、任务目标

本任务将了解工具软件的特点、分类、版本,以及如何获取工具软件,主要练习通过安装程序来安装和卸载工具软件。通过本任务的学习,掌握工具软件安装与卸载的基本操作。

二、相关知识

(一)工具软件的特点

与 Microsoft Office 办公软件和 Dreamweaver 等大型应用软件相比,工具软件属于小型辅助软件,且大部分是免费共享的。它具有以下几个特点。

(1)功能单一。由于工具软件只是为了满足一类用户的需求,因此功能比较简单。例如,多媒体播放软件的主要功能就是播放音频和视频文件,不支持对音频文件或视频文件进行编辑。

(2)可免费使用。工具软件大部分都是免费的,用户可以从互联网上直接将其下载到计算机中使用。有些工具软件是共享的,有一定时限的试用期,试用期后需要购买才能使用。即使购买,价格也非常便宜,一般只需要几十元。

(3)界面简单,易上手。大部分工具软件的操作界面比较简单,主要包括菜单栏、工具栏、工作区等部分。用户只要有一定的计算机基础,都可以快速掌握其使用方法。

(4)小巧、实用。工具软件的安装文件一般只有几兆或几十兆字节大小,有些甚至只有几千字节,因此安装后不会像大型商业软件一样占用较大的磁盘空间。

(二)工具软件的分类

工具软件的分类没有统一的标准,通常按用途将其分为磁盘与文件管理工具、电子阅读与翻译工具、图文浏览与处理工具、音视频编辑工具、多媒体播放工具与录屏工具,以及光盘刻录工具等九大类,其下又包括多种类别。本书将介绍常用的、功能较为强大的、最新版本的工具软件。

(三)工具软件的版本

工具软件与其他软件一样,版本的更新速度也非常快,因为一旦软件功能实用性不强,或支持的用户数量不多,就会逐渐被市场淘汰。由于很多工具软件由个人或小型团体开发,最初的版本可能存在缺陷,作者将根据用户的反馈意见不断改进,更新版本。因此,建议使用较新版本的工具软件。

(四)工具软件的获取途径

(1)通过官方网站获取。官方网站一般是由软件公司自己建立的,具备唯一、权威和有公信力等特点。官方网站不仅提供软件的下载链接,还提供相关的使用说明。图 1-1 所示是腾讯 QQ 软件的官方网站 http://im.qq.com/。

(2)通过知名的下载网站获取。为了方便用户通过网络快速查找和下载各种工具软件,在 Internet 上有许多提供软件下载功能的网站。其中,知名度较高的有天空软件网站(http://www.skycn.com/)、华军软件园(http://www.onlinedown.net/)和非凡软件网站

（http://www.crsky.com/）。从这些网站获取软件非常方便，在网页文本框中输入软件名称后进行搜索，就能打开软件的下载网页。图1-2所示为在非凡软件网站搜索"360杀毒"工具软件的网页。

图1-1　腾讯QQ官方网站

图1-2　利用非凡软件网站搜索"360杀毒"

（3）通过搜索引擎获取。搜索引擎是指运用特定的计算机程序搜索Internet中的信息，对信息进行组织和处理后，通过网页显示给用户的一种服务系统。比较著名的搜索引擎有百度（http://www.baidu.com/）、谷歌（http://www.google.cn/）和搜狗（http://www.sogou.com/）。通过搜索引擎获取工具软件的方法也是直接搜索、下载。

（五）工具软件的下载

可以通过 Internet Explorer 浏览器直接下载工具软件，或者使用专业的下载工具软件来下载所需的工具软件。对于一些较大的工具软件，使用专业下载工具软件，如迅雷下载，不仅可以提高下载速度，还可以管理下载任务，其下载方法将在任务 2 中详细介绍。

（六）使用工具软件的注意事项

建议到官方网站下载工具软件。如果软件较大，建议不要将其安装到系统盘，并且最好不要安装软件自带的第三方插件。在使用工具软件时，有以下几点注意事项。

（1）避免软件冲突。具有相似功能的软件有很多种。若将几款功能相似的软件同时安装在同一台计算机中，可能出现软件冲突的现象，导致软件不能正常使用。

（2）卸载无用软件。软件更新速度较快，在计算机中安装更高级别的软件后，应该将之前安装的低版本软件及时卸载，以释放磁盘空间。

（3）选择需要的软件。工具软件的种类较多，应选择需要的软件进行安装。如喜欢看网络电视的用户，可以下载目前比较流行的 PPTV 网络电视软件。

三、任务实施

（一）安装工具软件

工具软件的安装方法基本相同。下载后，一般都有一个可执行文件（扩展名为.exe 的文件），双击该执行文件便可打开安装向导进行安装。在安装过程中，一般根据安装向导的提示操作即可。

安装迅雷软件的操作步骤如下所述。

步骤 1：打开下载好的迅雷软件所在目录，然后双击可执行文件，如图 1-3 所示。

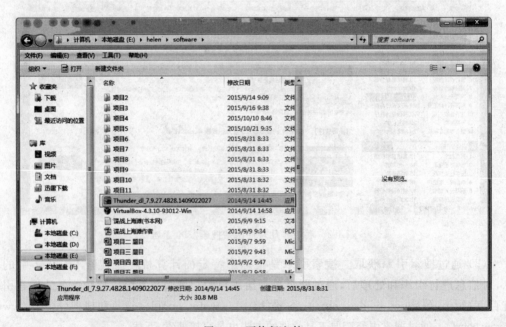

图 1-3　可执行文件

步骤 2：在图 1-4 所示的安装向导对话框中单击"自定义安装"超链接。一般情况下，建议不使用快速安装功能，以免安装软件自身携带的插件。

图 1-4 单击"自定义安装"超链接

步骤 3：在打开的如图 1-5 所示的窗口中设置软件安装的位置。这里更改路径为 C:\Program Files\Thunder Network\Thunder，然后撤销选中"开机启动迅雷 7"复选框。

步骤 4：弹出提示框，提示是否确定要禁止迅雷开机启动。确认后，单击"确定"按钮，再单击"立即安装"按钮，如图 1-6 所示。

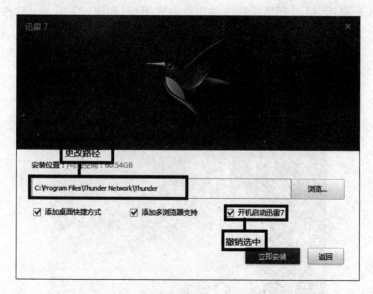

图 1-5 设置安装

步骤 5：软件开始自动安装，并显示进度条，之后弹出安装完成的窗口，如图 1-7 所示。单击"立即体验"按钮，可立即启动迅雷软件。

图 1-6　设置安装其他属性

图 1-7　完成安装

步骤 6：返回桌面，可看到迅雷软件的快捷方式图标，如图 1-8 所示。软件安装完成。

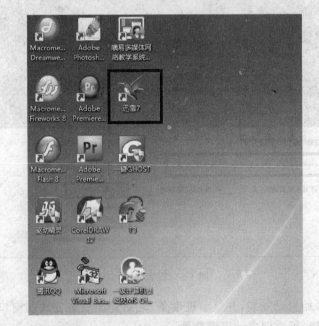

图 1-8　快捷图标

（二）卸载工具软件

用户在使用了安装的工具软件之后，若对其不满意，或无法正常使用，或者不需要再使用，可以将其从计算机中卸载，释放磁盘空间。这通过"开始"菜单或"控制面板"来完成。

1. 通过"开始"菜单卸载

大部分工具软件本身提供了卸载功能，只需在"开始"菜单的相应程序中选择"卸载"命令即可。该方法操作简单，是卸载软件的首选。

通过"开始"菜单卸载迅雷软件的操作步骤如下所述。

步骤 1：选择"开始"→"所有程序"→"迅雷软件"→"迅雷 7"→"卸载迅雷 7"菜单命令，如图 1-9 所示。

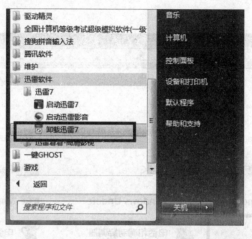

图 1-9　"卸载迅雷 7"命令

步骤 2：打开"迅雷卸载"对话框，选中"我要卸载迅雷 7"单选项，然后单击"开始卸载"按钮，再在打开的提示框中单击"继续卸载"按钮，如图 1-10 所示。

图 1-10　开始卸载

　　步骤 3：在"卸载中"对话框将显示进度条。在弹出的"是否保留历史文件"提示框中单击"否"按钮。

　　步骤 4：打开"卸载完成"对话框，在其中可以选择卸载原因，还可以留下联系方式。然后单击"完成"按钮，完成卸载操作。

　　2. 通过"控制面板"卸载

　　有些工具软件没有自带卸载程序，此时打开"控制面板"窗口，执行相应的操作来卸载软件。通过"控制面板"卸载迅雷软件的操作步骤如下所述。

　　步骤 1：选择"开始"→"控制面板"菜单命令，打开"控制面板"窗口。单击选中"程序和功能"，如图 1-11 所示。

图 1-11　"控制面板"窗口

　　步骤 2：打开"卸载或更改程序"窗口，在列表框中选择"迅雷 7"选项，然后单击列表框上方的"卸载"按钮，如图 1-12 所示。

　　步骤 3：打开"迅雷卸载"对话框。之后的操作与通过"开始"菜单打开此对话框时相同，不再赘述。

Realtek High Definition Audio Driver	Realtek Semiconductor Corp.	2015/3/10		6.0.1.7246
Sentinel System Driver		2015/3/26		
T3-用友标准版10.8plus1	畅捷通信息技术股份有限公司	2015/4/22		10.8plus1
T3-用友通公共组件	畅捷通信息技术股份有限公司	2015/4/22	29.4 MB	
Tencent QQMail Plugin		2015/3/11		
VRay Adv V1.5 RC3 简体中文版	无---名	2015/3/10		
WinRAR 5.20 (32-位)	win.rar GmbH	2015/3/10		5.20.0
百度地址栏	百度	2015/10/14	2.08 MB	1.0
嘉易多媒体网络教学系统 V9.1.2.403		2015/3/10		V9.1.2.403
驱动精灵	驱动之家	2015/3/10	43.9 MB	2013
全国计算机等级考试超级模拟软件(一级计算机基础及MS Off...	南京易考无忧科技公司	2015/10/14		2.1
搜狗拼音输入法 7.5正式版	Sogou.com	2015/3/10		7.5.0.5314
腾讯QQ	腾讯科技(深圳)有限公司	2015/3/11	201 MB	6.9.13786.0
同方股教务管理平台 上层	同方股份有限公司 计算机产业本部	2015/3/11		上层
迅雷7	迅雷网络技术有限公司	2015/11/3		7.9.27.4828
迅雷看看高清播放组件	迅雷网络技术有限公司	2015/11/3		
迅雷看看-高清影视	迅雷网络技术有限公司	2015/11/3		2.3.0.133
迅雷影音	迅雷网络技术有限公司	2015/3/10		5.1.12.3487
一键GHOST v2014.07.18	DOS之家	2015/3/10		v2014.07.18
英特尔® USB 3.0 可扩展主机控制器驱动程序	Intel Corporation	2015/3/10	18.4 MB	3.0.4.65

当前安装的程序　总大小 4.49 GB

图 1-12　"卸载程序"窗口

任务 2　使用迅雷下载软件

若计算机中没有安装专业的下载工具软件,要从网页下载软件和资料,只能通过浏览器默认的下载功能来完成。但这种方式有很大的缺陷,一旦运行过程中网络中断,必须重新下载。采用专业的下载软件不会出现这种问题。迅雷是目前最流行的下载软件之一,下面将详细介绍。

一、任务目标

本任务的目标是利用迅雷 7 下载网络资源并管理下载任务。通过本任务的学习,掌握使用迅雷 7 下载软件的基本操作。

二、相关知识

迅雷是一款基于 P2SP(Peer to Server & Peer,点对服务器和点)技术的免费下载工具软件,能够整合网络上的服务器和计算机资源,构成独特的迅雷网络,使各种数据文件能以最快的速度在迅雷网络中传递。该软件还带有病毒防护功能,可以和杀毒软件配合使用,以保证下载文件的安全性。图 1-13 所示为迅雷 7 的操作界面。

三、任务实施

(一)搜索并下载资源

通过迅雷资源搜索功能来搜索并下载所需文件是最常用的下载方式。本操作将通过迅雷 7 中提供的资源搜索功能下载"百度影音",具体操作如下所述。

步骤 1:安装迅雷 7 后,选择"开始"→"所有程序"→"迅雷软件"→"迅雷 7"→"启动迅雷 7"菜单命令,进入其主界面。

步骤 2:在右上角的搜索框中输入需要搜索的内容。这里输入"百度影音",然后单击"搜索"按钮,打开"迅雷搜索-百度影音"对话框。找到软件所在列表后,单击"免费下载"

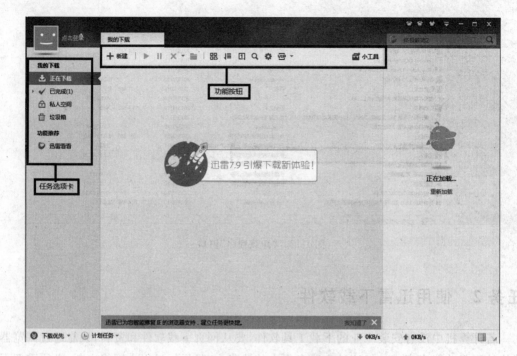

图 1-13　迅雷 7 的操作界面

按钮。

步骤 3：在打开的页面中显示了软件的相关信息，单击"免费下载"按钮。

步骤 4：此时将打开默认的软件链接页面，单击"下载地址"按钮。在打开的页面中单击"迅雷下载"按钮，打开"新建任务"对话框，然后单击"文件夹"按钮。在打开的"浏览文件夹"对话框中选择文件要保存的位置，然后单击"确定"按钮，返回"新建任务"对话框。单击"立即下载"按钮，即可下载该软件。

（二）通过右键菜单建立下载任务

安装迅雷 7 后，在浏览网页时，右键菜单会自动地将迅雷的相关菜单命令添加到其中，便于随时使用迅雷建立下载任务，具体操作如下所述。

步骤 1：在百度搜索引擎上搜索"暴风影音"软件，在打开的页面的"高速下载"按钮上右击，在弹出的快捷菜单中选择"使用迅雷下载"命令，如图 1-14 所示。

步骤 2：打开"新建任务"对话框，单击"文件夹"按钮。在打开的"浏览文件夹"对话框中选择文件要保存的位置，然后单击"确定"按钮，返回"新建任务"对话框。单击"立即下载"按钮，如图 1-15 所示。

步骤 3：打开迅雷 7 主页，在中间的列表中将显示文件的下载进度等信息，如图 1-16 所示。

（三）管理下载任务

利用迅雷成功下载所需文件后，可对其进行管理，如以分组的形式将下载文件分类，打开下载文件保存的目录，打开或运行下载的文件，以及将下载的文件发送到手机等，具体操作如下所述。

图 1-14　搜索并下载软件

图 1-15　开始下载软件

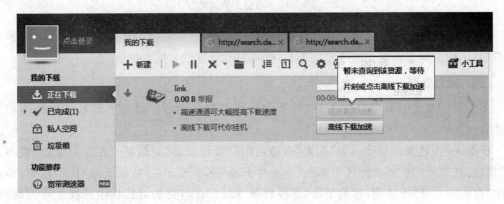

图 1-16　下载的软件

步骤 1：文件下载完成后，将自动跳转到"已完成"选项卡。单击"目录"按钮，如图 1-17 所示，打开保存下载文件的文件夹，查看下载文件。

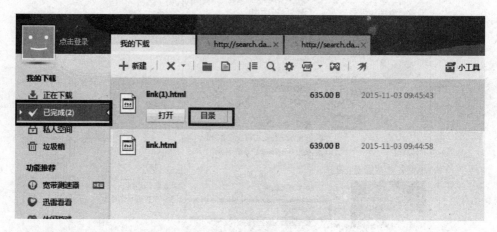

图 1-17　查看下载的文件

步骤 2：返回迅雷 7，在"已完成"选项下选择下载任务，然后单击"打开"按钮，如图 1-18 所示，将自动运行下载的软件，开始安装。

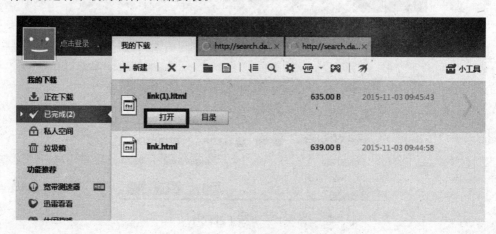

图 1-18　运行下载文件

步骤 3：在"已完成"选项下选择下载任务，然后单击"发送到手机"按钮，将弹出"发送到手机"对话框。这里需要先将手机用 USB 线连接到计算机，才能发送信息。

（四）配置参数

为了更好地使用迅雷进行下载，可更改软件的默认配置。设置下载目录的操作如下所述。

步骤 1：在迅雷主界面单击"配置"按钮，打开"系统设置"对话框。在左侧单击"我的下载"按钮，在打开的扩展功能区中单击"小文件下载"选项卡。在"默认下载目录"栏中，单击选中"自定义目录"单选项，然后单击"选择目录"按钮，在打开的对话框中选择文件夹路径，设置文件下载的默认地址，如图 1-19 所示。

步骤 2：单击"监视设置"选项卡，在"监视对象"栏中单击"修复浏览器关联"按钮，解决浏览网页时,邮件菜单中没有出现迅雷相关菜单命令的问题,如图1-20所示。

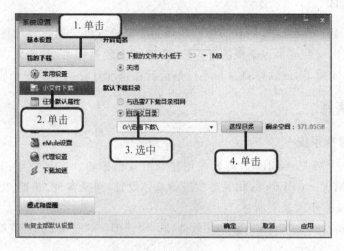

图 1-19　设置下载目录

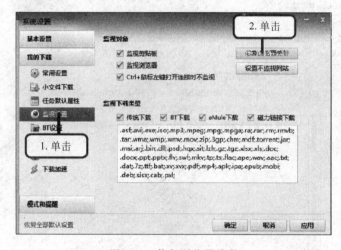

图 1-20　修复浏览器关联

任务 3　安装 Oracle VM VirtualBox 虚拟实验平台

　　虚拟机是指通过软件模拟具有计算机系统功能,且运行在一个隔离环境中的完整系统。通过虚拟机软件,可以在一台物理计算机上模拟出一台或多台虚拟的计算机,这些虚拟的计算机(简称虚拟机)可以像真正的计算机那样工作。

一、任务目标

　　本任务的目标是将 Oracle VM VirtualBox 虚拟机安装到计算机中,并对其进行相关设置,主要练习设置虚拟机系统、新建虚拟机、通过虚拟机安装操作系统等。通过本任务的学习,掌握安装并使用虚拟机的基本操作。

二、相关知识

Oracle VM VirtualBox 是一款实用性较强的虚拟机软件。通过该软件,可以在一台物理计算机上模拟出一台或多台虚拟的计算机,并进行安装操作系统、安装应用程序、访问网络资源等操作。实质上,该软件自身只不过是运行在物理计算机上的一个应用程序。

三、任务实施

(一)设置虚拟系统

使用 Oracle VM VirtualBox,需要先创建和配置虚拟机。在创建虚拟机之前,根据需要,对 Oracle VM VirtualBox 的相关参数进行整体设置,包括常规、热键、更新、语言、显示、网络和扩展等,操作步骤如下所述。

步骤 1:启动 Oracle VM VirtualBox 软件,选择"管理"→"全局设定"菜单命令,如图 1-21 所示。

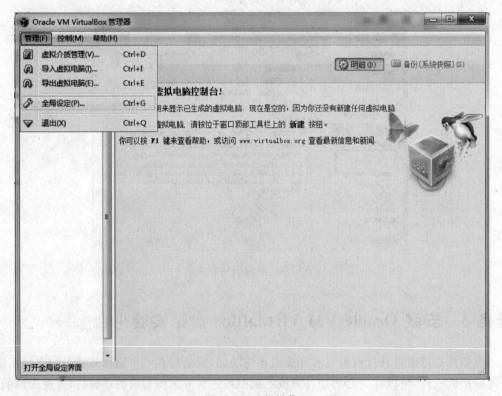

图 1-21　选择操作

步骤 2:打开"VirtualBox-设置"对话框,根据需要进行设置。这里单击"语言"选项卡,然后在右侧的列表框中选择"简体中文(中国)",其他项保持默认设置,如图 1-22 所示。单击"确定"按钮,完成设置。

(二)新建虚拟机

Oracle VM VirtualBox 软件的整体配置完成后,就可以创建虚拟机,具体操作如下

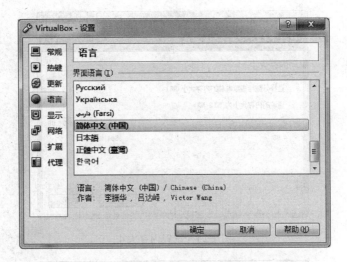

图 1-22　设置系统语言

所述。

　　步骤 1：单击"新建"按钮，打开"虚拟电脑名称和系统类型"对话框。在"名称"下拉列表框中输入 win7，在"类型"下拉列表框中选择操作系统类型，在"版本"下拉列表框中选择操作系统版本，然后单击"下一步"按钮，如图 1-23 所示。

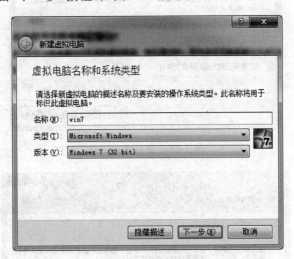

图 1-23　设置虚拟电脑名称和系统类型

　　步骤 2：在打开的"内存大小"对话框中，将内存大小设置为 1024MB，然后单击"下一步"按钮，如图 1-24 所示。

　　步骤 3：打开"虚拟硬盘"对话框，设置虚拟硬盘。这里保持默认设置，然后单击"创建"按钮，如图 1-25 所示。

　　步骤 4：打开"虚拟硬盘文件类型"对话框，设置硬盘文件类型。这里保持默认设置，然后单击"下一步"按钮，如图 1-26 所示。

　　步骤 5：打开"存储在物理硬盘上"对话框，设置硬盘分配方式。这里保持默认设置，然后单击"下一步"按钮，如图 1-27 所示。

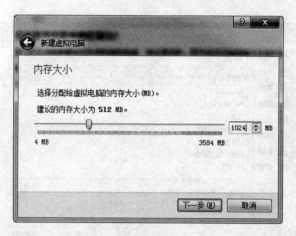

图 1-24　设置内存大小

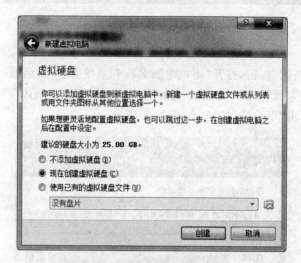

图 1-25　设置虚拟硬盘

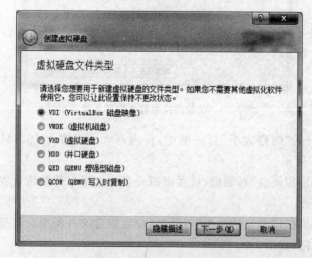

图 1-26　设置虚拟硬盘文件类型

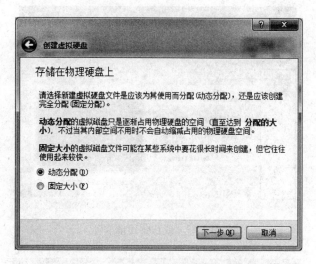

图 1-27 "存储在物理硬盘上"对话框

步骤 6：打开"文件位置和大小"对话框，设置文件保存位置和虚拟硬盘大小，然后单击"创建"按钮，如图 1-28 所示。

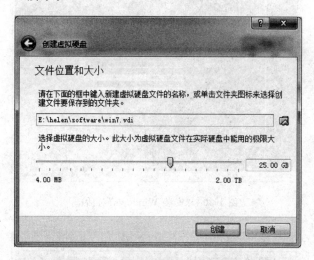

图 1-28 "文件位置和大小"对话框

步骤 7：返回软件主界面，即可看到虚拟机 win7 创建完成，如图 1-29 所示。

（三）利用虚拟机安装操作系统

创建一台虚拟机后，可根据需要对其进行简单配置并安装操作系统，具体操作如下所述。

步骤 1：创建虚拟机后，在主界面单击"设置"按钮，打开"Win7-设置"对话框。

步骤 2：单击"存储"选项卡，在"存储树"列表框中选择"没有盘片"选项；然后在"属性"栏中单击"没有盘片"按钮，选择准备好的操作系统安装文件；最后，单击"确定"按钮。

步骤 3：返回主界面，单击"启动"按钮，启动虚拟机，进入"安装 Windows"对话框。保持默认设置，单击"下一步"按钮，如图 1-30 所示。

步骤 4：在打开的对话框中单击"现在安装"按钮，如图 1-31 所示，进入系统安装向导界面。

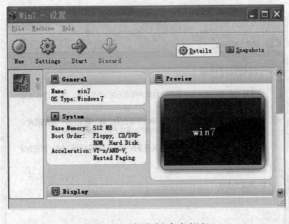

图 1-29　成功创建虚拟机

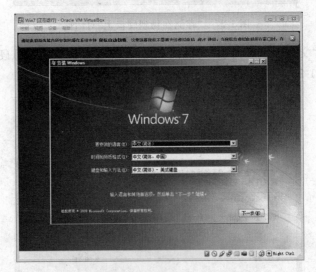

图 1-30　"安装 Windows"对话框

图 1-31　开始安装 Windows

步骤5：打开"请阅读许可条款"对话框，选中"我接受许可条款"复选框，然后单击"下一步"按钮，如图1-32所示。

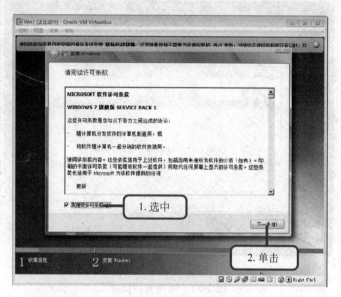

图1-32　阅读许可条款

步骤6：打开"您想进行何种类型的安装？"对话框，选择"自定义（高级）"选项，如图1-33所示。

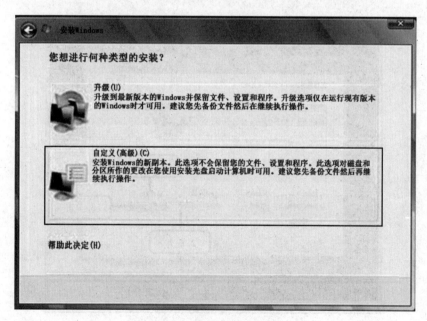

图1-33　选择安装类型

步骤7：打开"您想将Windows安装在何处？"对话框，选择后单击"下一步"按钮，如图1-34所示。

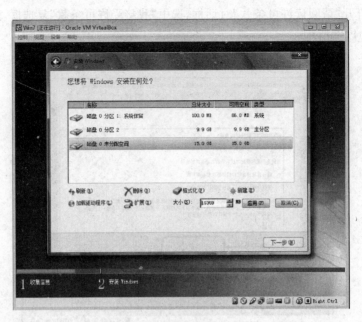

图 1-34　选择安装位置

步骤 8：在打开的对话框中单击"新建"，在弹出的"大小"数值框中，根据需要设置磁盘大小。这里输入 10240，然后单击"应用"按钮，如图 1-35 所示。在弹出的提示框中单击"确定"按钮。

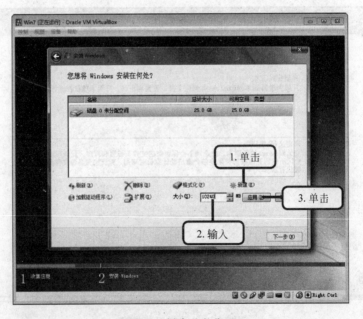

图 1-35　创建磁盘分区 1

步骤 9：返回"您想将 Windows 安装在何处？"对话框，在列表框中选中"磁盘 0 未分配空间"，再单击"新建"按钮。根据需要设置磁盘大小，保持默认选项，并单击"应用"按钮，如图 1-36 所示。

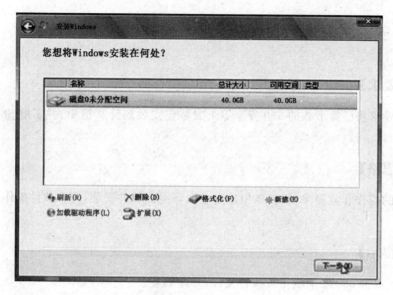

图 1-36 创建磁盘分区 2

步骤 10：磁盘分区完成后，单击"下一步"按钮，虚拟机开始安装 Windows 系统。后面的操作与普通操作系统安装相同，不再赘述。

实训 1　下载并安装压缩软件 WinRAR

【实训要求】

本实训要求使用迅雷 7 下载压缩软件 WinRAR 的安装程序，然后根据安装向导，将其安装到计算机的"F:\工具软件"目录中。

【实训思路】

本实训先利用迅雷 7 下载压缩软件 WinRAR 的安装程序，然后根据安装向导完成软件安装。

实际操作中需要注意，在搜索软件的网页中常常有多个搜索结果，用户应根据需要选择适合的版本，不要盲目地以为版本越高就越好。一般情况下，优先选择正式版本的软件。

【步骤提示】

步骤 1：启动迅雷 7，然后在右上角的搜索框中输入 WinRAR，再单击"搜索"按钮开始搜索。

步骤 2：在打开的网页中选择适合的版本进行下载，并设置好保存位置。

步骤 3：下载完成后，单击"运行"按钮，运行安装程序。

步骤 4：根据安装向导安装软件，并将其保存位置设置在"F:\工具软件"目录下。

实训 2　安装并了解 360 安全卫士的功能

【实训要求】

本实训要求将已经下载的 360 安全卫士安装包安装到计算机中,并了解 360 安全卫士的功能。

【实训思路】

本实训的操作非常简单,只需要根据安装向导完成软件安装,再在软件操作界面中查看其功能。

【步骤提示】

步骤 1:双击 360 安全卫士可执行文件,开始安装。

步骤 2:在打开的对话框中选择安装位置,再根据需要选择"更多选项"选项,在弹出的列表框中进行设置。

步骤 3:设置完成后,单击"立即安装"按钮,软件开始安装。

步骤 4:安装完成后,在打开的 360 安全卫士主界面中单击各功能按钮,查看具体的功能。

常见疑难解析

问:在卸载一个软件时,发现"开始"菜单中没有提供卸载命令;同时,在控制面板的"添加/删除程序"对话框中也没有找到该软件,应该怎么办?

答:解决这类问题的方法是用专业的卸载软件进行软件卸载,如 360 软件管家、QQ 软件管理等,找到需要卸载的软件,将其删除,并清理残留项。如果找不到该软件,直接将对应的文件夹粉碎。

问:在通过"开始"菜单启动某个工具软件时,提示"系统不能找到指定的文件",这是怎么回事?

答:查看该程序命令在"开始"菜单中显示的图标是否为空白。如果是,表示该软件的对应程序文件已经被删除,若要使用只能重新安装。造成这种情况的原因,可能是手动删除了该软件的安装文件。由于无法再次使用,可以在其命令项上右击,然后在弹出的快捷菜单中选择"删除"命令,将其从"开始"菜单中删除。

问:还有哪些快速下载软件?

答:QQ 旋风、网际快车、BT 下载器等。

问:虚拟机系统安装以后,为什么已分区的磁盘不能使用?

答:如果双击该问题磁盘,提示"没有格式化",那么,直接格式化该磁盘后方可使用。一般情况下,在分区设置的过程中会提前将分好的磁盘格式化。如果不是上述原因,建议按照一般步骤重新安装虚拟机的系统。

拓展知识

1. 磁盘工具

在安装操作系统之前，首先要对磁盘格式化，为安装操作系统做准备。通常是利用Windows操作系统自带的 fdisk 命令进行分区。它具有很高的兼容性和稳定性，但不大支持大容量硬盘，现在已经很少使用。因此，对于容量大的硬盘，需要借助专门的磁盘管理工具进行操作。DiskGenius 是首选工具，其下载地址是 http://www.diskgenius.cn/。该软件除了具备基本的分区建立、删除、格式化等磁盘管理功能外，还提供强大的已丢失分区搜索功能，而且是纯中文操作界面，使用十分方便。

2. 备份工具

计算机的硬件部分一般不容易损坏，大多数计算机故障都是由软件引起的。软件出了问题，需要重新安装操作系统和安装常用的应用软件，这个过程一般不会花费很多时间。为了避免这一情况，将干净的系统用"一键还原精灵"来备份和还原，可以在几分钟之内解决安装操作系统和各类应用软件的烦琐工作。"一键还原精灵"是一款系统备份和还原工具，具有安全、快递、保密性强及兼容性好等特点，特别适合计算机初学者和担心操作麻烦的人使用。

3. 安装汉化补丁

在安装汉化版工具软件时有两种情况：一是下载的是汉化版软件，此时可直接安装（安装界面为中文）；二是下载英文版后需要下载一个汉化补丁。对于这类软件，一般先安装其英文版，再运行汉化文件，并安装到英文版软件目录下。对于第二种情况，一般在下载过程中提供汉化说明等文件，双击打开后可查看具体的汉化方法。

4. 善用迅雷的悬浮窗

启动迅雷后，将自动显示悬浮窗。在悬浮窗中右击，在弹出的快捷菜单中提供了9个命令。选择相应的命令，可对下载任务和软件本身进行设置和管理。

课后练习

（1）打开百度搜索引擎页面，在输入"Windows 优化大师"。搜索后，选择一项进行下载。

（2）通过"控制面板"窗口卸载无用的工具软件。

（3）通过网络或查阅相关书籍，查找专门用于卸载的软件，了解其特点和用法，然后从中选择一个，用于卸载自己的计算机无用的软件。

（4）通过搜索引擎搜索并下载、安装两款常用的输入法。

（5）下载虚拟机，并安装 Windows 8。

项目 2

磁盘与文件管理工具

小王：小张，我这台计算机的系统盘太小了，有什么方法可以在不损坏原有数据的基础上对磁盘重新分区吗？

小张：你可以使用磁盘与文件管理工具软件来操作。比如，使用 DiskGenius 将磁盘重新分区，既不会损坏磁盘原来的数据，还能定期删除不需要的文件。对于需要长久保存的文件，可以使用 WinRAR 压缩软件将其压缩，节省磁盘空间。

小王：若是不小心删错了文件，并且清空了回收站，怎么办？

小张：那就是用 EasyRecover 磁盘数据恢复软件来恢复。

小王：哇！这样也行啊！工具软件真是太强大了！我要学学这些操作，你快教教我吧！

- 掌握使用 DiskGenius 对磁盘分区的操作方法。
- 掌握使用 EasyRecover 恢复磁盘数据的操作方法。
- 熟悉使用 WinRAR 压缩文件的基本操作。

- 熟练掌握磁盘分区和合并分区等操作。
- 熟练掌握数据恢复的相关操作。
- 熟练掌握压缩和解压缩文件的相关操作。

任务 1　使用 DiskGenius 为磁盘分区

DiskGenius 是一款高性能、高效率的运行在 Windows 环境下的磁盘分区和管理软件。利用该软件，可以对磁盘完成重新分区、格式化、复制分区、移动分区、隐藏或重现分区、从任意分区引导系统、转换分区结构属性等操作。

一、任务目标

本任务将利用 DiskGenius 来优化磁盘,加快系统及其应用程序的运行速度,并且在不损失磁盘数据的情况下调整分区大小,并对磁盘进行分区管理。本任务将主要练习创建分区、调整分区容量、无损分割分区的操作。通过本任务的学习,掌握使用 DiskGenius 为磁盘分区的基本操作。

二、相关知识

启动 DiskGenius V4.0.1,进入操作界面,如图 2-1 所示。它由标题栏、菜单栏、工具栏和驱动器显示窗口等组成。

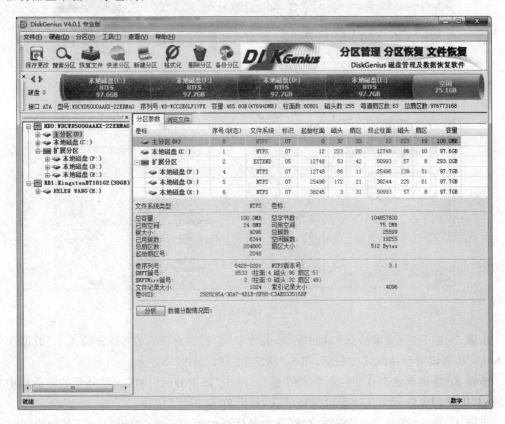

图 2-1　DiskGenius V4.0.1 的操作界面

在进行磁盘分区管理操作之前,先介绍磁盘和分区的相关知识。

(1)磁盘属于存储器,由金属磁片制成,而磁片有记忆功能,所以存储到磁片上的数据,不论是开机还是关机,都不会丢失。目前市场上主流硬盘的盘片大都采用金属薄膜磁盘构成。

(2)分区的类型包括主分区、扩展分区和逻辑分区三种,都是以 DOS 操作系统为基础建立的,因此都属于 DOS 分区。启动系统后,操作系统对驱动器进行映像,为主分区和逻辑分区分配相应的盘符。主分区的盘符首先被分配,然后依次分配逻辑分区的盘符。

(3) 磁盘分区软件应尽量少用,因为任何对于磁盘分区的操作都有相当大的危险性,一旦在使用时碰上断电的情况,后果将不堪设想。

三、任务实施

(一) 创建分区

使用 DiskGenius 软件可以方便地在现有磁盘的基础上新建一个分区,具体操作如下所述。

步骤 1:启动 DiskGenius V4.0.1,进入软件操作界面。在左侧的分区列表中选择磁盘 HD1,再单击"新建分区"按钮,如图 2-2 所示。

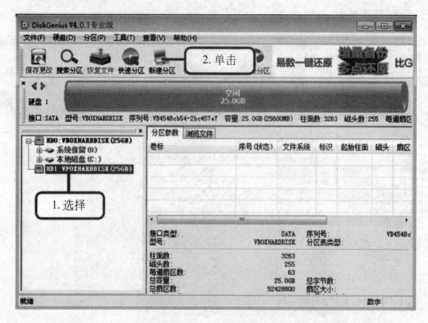

图 2-2　选择磁盘

步骤 2:打开"建立新分区"对话框,单击选中"主磁盘分区",在"新分区大小"数值框中输入 15,其他设置保持默认。最后,单击"确定"按钮,如图 2-3 所示。

步骤 3:在磁盘状态栏中选择"空闲"磁盘,单击"新建分区"按钮。在打开的对话框中单击选中"扩展磁盘分区",其他设置保持默认,然后单击"确定"按钮。

步骤 4:单击"新建分区"按钮,在打开的对话框中单击选中"逻辑分区",其他设置保持默认,然后单击"确定"按钮。

步骤 5:设置好分区属性后,单击"保存更改"按钮,完成新分区的创建。

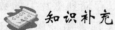 **知识补充**

在某些情况下,执行任务后,软件会自动重新启动计算机,并在进入系统之前执行所有操作。这里需要用户手动重新启动计算机,使操作生效。

图 2-3 建立主磁盘分区

（二）调整分区容量

使用 DiskGenius 来调整分区容量，是指增大或缩小该分区的容量，但磁盘的总容量不会改变，因此指定的另一个分区容量会相应地缩小或扩大。

将 C 盘分区缩小为 15GB 的操作如下所述。

步骤 1：启动 DiskGenius V4.0.1，选择"本地磁盘(C:)"，然后选择"分区"→"调整分区大小"菜单命令，如图 2-4 所示。

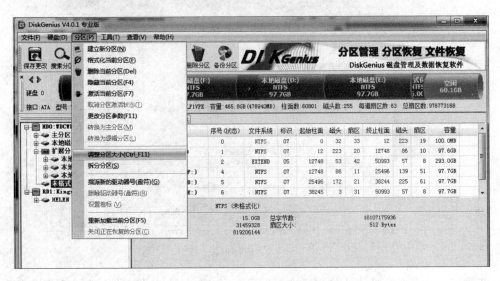

图 2-4 选择"调整分区大小"命令

步骤 2：打开"调整分区容量"对话框，在"调整后容量"数值框中输入 15，然后单击"开始"按钮，如图 2-5 所示。

图 2-5 设置分区容量

步骤 3：在打开的 DiskGenius 提示框中单击"是"按钮，如图 2-6 所示。

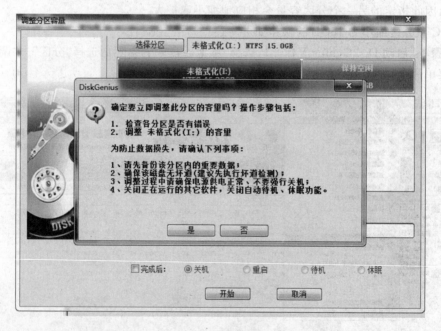

图 2-6 确认操作

步骤 4：打开"需要在 DOS 下执行"提示框，单击选中"完成后"复选框和"重启 Windows"单选项，然后单击"确定"按钮。

步骤 5：在打开的 DiskGenius 提示框中单击"确定"按钮，计算机将调整分区容量，并显示调整进度条。完成后重新启动计算机，完成调整分区容量的操作。

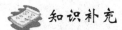 知识补充

若对调整分区大小的操作不满意,可在显示调整进度条的对话框中单击"中断"按钮,撤销调整分区容量的操作。

（三）无损分割分区

使用 DiskGenius,还可以将一个含有数据的分区分割为两个分区,并且可以自定义每个分区中保存的数据。但是无损分区仍然有一定风险,建议先备份资料,再分区,具体操作如下所述。

步骤 1:启动 DiskGenius V4.0.1,在操作主界面左侧的分区列表中选择 C 盘,然后选择"分区"→"调整分区大小"菜单命令。

步骤 2:打开"调整分区容量"对话框,在"调整后容量"数值框中输入 7.12GB,再在"分区后部的空间"右侧的下拉列表中选择"建立新分区"选项,然后单击"开始"按钮,如图 2-7 所示。

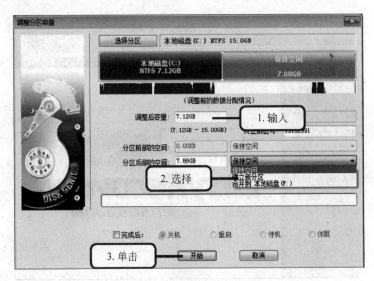

图 2-7 设置分割分区的参数

步骤 3:在打开的 DiskGenius 提示框中单击"是"按钮,接着在打开的"需要在 DOS 下执行"提示框中单击选中"完成后"复选框和"重启 Windows"单选项,然后单击"开始"按钮。

步骤 4:计算机在显示进度条之后,打开 DiskGenius 提示框。单击"确定"按钮,完成对磁盘 C 的分割。

任务 2 使用 EasyRecovery 恢复磁盘数据

EasyRecovery 是一款功能非常强大的磁盘数据恢复软件,具有磁盘诊断、数据恢复和文件恢复等功能,可帮助用户恢复由于误操作删除,或者因格式化而丢失的数据。使用 EasyRecovery,甚至可以从被病毒破坏或已经格式化的磁盘中恢复数据。

一、任务目标

本任务的目标是利用 EasyRecovery 工具软件恢复磁盘中的数据信息,将主要练习恢复被彻底删除的数据和恢复损坏分区中的文件等操作。通过本任务的学习,掌握使用 EasyRecovery 恢复磁盘数据的操作方法。

二、相关知识

使用 EasyRecovery,不会向原始磁盘写入任何东西,而主要是在内存中重建被删除文件的分区表,使数据能够安全地传输到其他磁盘中。EasyRecovery 的主要功能包括从被病毒破坏或是已经完全格式化的磁盘中恢复数据,恢复被破坏的引导记录、BIOS 参数数据块、分区表、FAT 表等。

启动 EasyRecovery 软件,进入操作主界面,如图 2-8 所示,左侧有功能按钮。单击任意按钮,右侧窗口弹出相应的操作向导,引导用户完成操作。

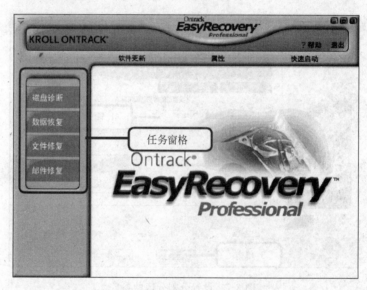

图 2-8　EasyRecovery 操作界面

三、任务实施

(一)恢复被彻底删除的数据

当数据文件被误删除之后,若在回收站里也不能找到,可以使用 EasyRecovery 软件对其恢复,具体操作如下所述。

步骤 1:选择"开始"→"所有程序"→EasyRecovery Pessional→EasyRecovery Professional 菜单命令,启动 EasyRecovery。在操作界面左侧单击"数据恢复"按钮,在右侧将出现关于数据恢复的多个按钮。单击"删除恢复"按钮,如图 2-9 所示。

步骤 2:软件开始扫描文件,在打开的"目的地的警告"对话框中提示 EasyRecovery 将文件复制到除源位置以外的安全位置。仔细阅读后,单击"确定"按钮,如图 2-10 所示。

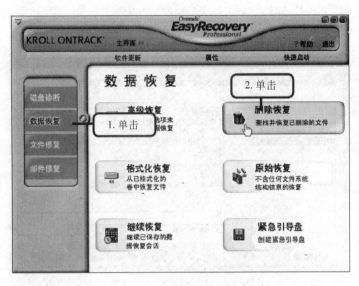

图 2-9　数据恢复界面

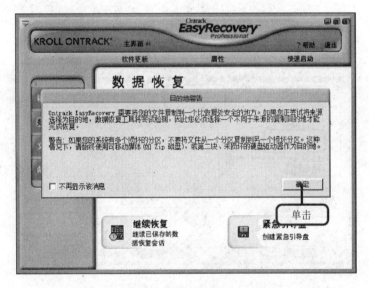

图 2-10　提示框

EasyRecovery 可以修复的文件类型包括 Access、Word、Excel、PowerPoint、Zip 文件等。

步骤 3：在打开的对话框中选择被删除文件所在的分区。这里选择 F 盘，然后单击"下一步"按钮，如图 2-11 所示。

步骤 4：软件开始对所选分区 F 盘进行扫描。扫描结束后，对话框左侧的列表框中将显示该分区中的所有文件，其中包括被删除的文件；右侧显示的是左侧所选文件夹中包含的文件。这里选择要恢复的 11.cp.ren 文件及其所在的"个人"文件夹，如图 2-12 所示。然后单击"下一步"按钮。

步骤 5：在打开对话框"恢复目的地选项"栏中单击"浏览"按钮，打开"选择目的地来

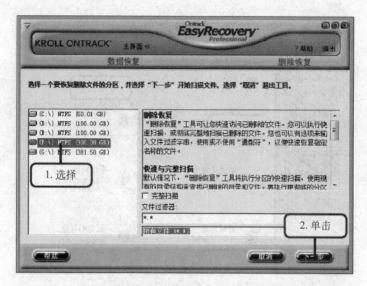

图 2-11　选择要恢复数据文件所在的分区

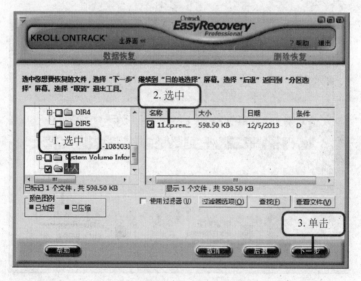

图 2-12　选择要恢复的数据文件

恢复"对话框，如图 2-13 所示。选择恢复文件的保存位置后，单击"确定"按钮，返回 EasyRecovery 界面。

步骤 6：单击"下一步"按钮，在其中选择恢复文件的保存位置，单击"确定"按钮，返回 EasyRecovery 界面，如图 2-14 所示。

步骤 7：此时弹出一个对话框，提示是否保存这次恢复操作。单击"是"按钮，在设置的保存位置即可看到恢复的文件。

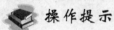 **操作提示**

在选择恢复的删除文件时，如果单击"过滤器选项"按钮，可在打开的"过滤器选项"对话框中设置恢复文件时的过滤选项。

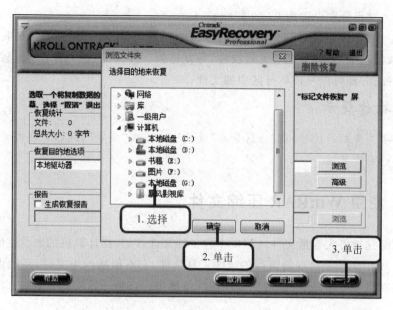

图 2-13 选择要恢复的磁盘

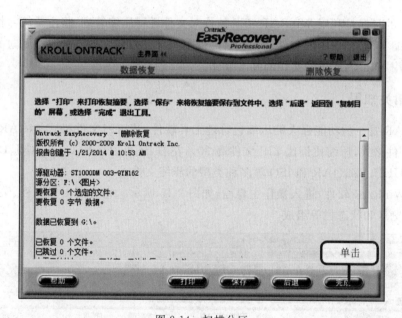

图 2-14 扫描分区

（二）恢复损坏分区中的文件

如果某个分区中的部分磁道损坏，同样可以使用 EasyRecovery 来恢复其中的数据。使用 EasyRecovery 软件恢复损坏分区 C 盘中的文件，具体操作如下所述。

步骤 1：启动 EasyRecovery，在操作界面左侧单击"数据恢复"按钮，右侧将出现关于数据恢复的多个按钮。单击"高级恢复"按钮，打开"修复向导"对话框，选择修复文件所在的损坏分区。这里选择 C 盘，然后单击"高级选项"按钮。

步骤 2：在打开的对话框中单击"分区信息"选项卡，然后设置恢复时的"起始扇区"和

"结束扇区"。这里分别设置为 63 和 12289724。

步骤 3：单击"恢复选项"选项卡，设置恢复时的选项，这里全部选中。如果不愿恢复无效的文件，取消选中"无效日期""无效属性"等复选框。设置完成后，单击"确定"按钮，再根据提示继续操作，即可恢复损坏分区中的文件。

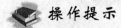 **操作提示**

在设置要恢复的扇区时，在"分区信息"选项卡中单击"提示"按钮，可在打开的对话框中查看各分区的扇区范围。

任务 3　使用 WinRAR 压缩文件

文件压缩是指将大容量文件压缩成小容量的文件，以节约计算机的磁盘空间，提高文件传输速率。WinRAR 是目前最流行的压缩工具软件，它不但能压缩文件，还能保护文件，且便于文件在网络上传输，还可以避免文件被病毒感染。它是一款功能非常强大的工具软件。

一、任务目标

本任务的目标是利用 WinRAR 工具软件对文件进行压缩管理，将主要练习快速压缩文件、分卷压缩文件、管理压缩文件、解压文件、修复损坏的压缩文件等操作。通过本任务的学习，掌握使用 WinRAR 压缩文件的基本操作。

二、相关知识

WinRAR 是一款功能强大的压缩包管理工具软件，其压缩文件格式为 RAR，完全兼容 ZIP 压缩文件格式，压缩比例比 ZIP 文件高 30％左右，还可以解压 CAB、ARJ、LZH、TAR、GZ、ACE、UUE、BZ2、JAR 和 ISO 等多种类型的压缩文件。

启动 WinRAR 软件，进入操作主界面，如图 2-15 所示。它主要由标题栏、菜单栏、工具栏、文件浏览区和状态栏等组成。

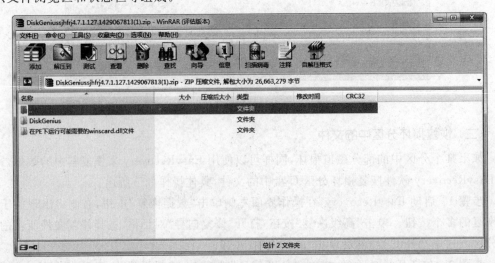

图 2-15　WinRAR 的操作界面

三、任务实施

（一）快速压缩文件

快速压缩文件是 WinRAR 最基本的功能之一，也是使用最多的功能。使用 WinRAR 软件快速压缩"广告"视频文件的操作如下所述。

步骤 1：选择要压缩的"广告"视频文件，然后右击，在弹出的快捷菜单栏中选择"添加到 '20151118.rar'"命令，如图 2-16 所示。

步骤 2：WinRAR 开始压缩文件，并显示压缩进度，如图 2-17 所示。完成压缩后，将在当前目录下创建名为 20151118 的压缩文件，如图 2-18 所示。

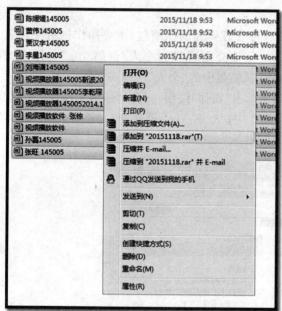

图 2-16　压缩文件

图 2-17　压缩中界面

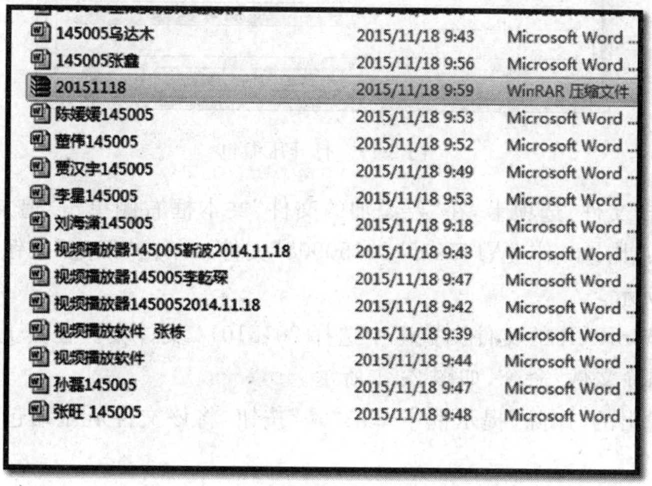

图 2-18　完成压缩

（二）分卷压缩文件

WinRAR 的分卷压缩操作可以将文件化整为零。这项功能对于特别大的文件或需要网上传输的文件很有用。分卷传输之后再合成，既保证了传输的便捷，也保证了文件的完整性。分卷压缩"项目视频"文件夹中的文件的操作如下所述。

步骤 1：在"项目视频"文件上右击，在弹出的快捷菜单中选择"添加到压缩文件"命令，进入压缩参数设置界面。在"压缩分卷大小，字节"下拉列表中选择需要分卷的大小，或输入自定义分卷大小。这里输入 120MB。

步骤 2：单击"确定"按钮，开始压缩。分卷压缩完成后，"项目视频"文件被分解为若干压缩文件，每个文件 120MB。

（三）管理压缩文件

创建压缩文件后，可以使用 WinRAR 软件管理新建的压缩包，主要操作包括将其他文件添加到压缩包中或删除压缩包中的文件。下面介绍将"F:/个人/企鹅.jpg"文件添加到"F:/图片/图片.rar"压缩包中的方法，然后将压缩包中的"个人"文件夹删除。

步骤 1：启动 WinRAR，在打开的界面中单击"添加"按钮。打开"压缩文件名和参数"对话框。在"常规"选项卡的"压缩文件名"文本框中输入"E:\helen\作业\145005\145005.rar"，如图 2-19 所示。

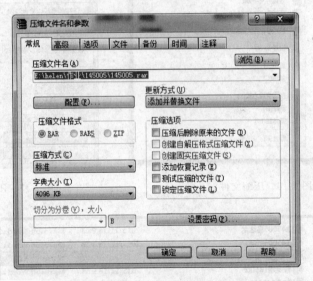

图 2-19　打开压缩包

步骤 2：单击"文件"选项卡，在"要添加的文件"文本框右侧单击"追加"按钮，在打开的对话框中选择"E:\helen\作业\145005\20150908"文件。单击"确定"按钮，将其添加到压缩包中，如图 2-20 所示。

步骤 3：在 WinRAR 的文件浏览区中选择 20151014 文件夹。在其上右击，在弹出的快捷菜单中选择"删除文件"命令，如图 2-21 所示。

步骤 4：在弹出的"删除"提示框中单击"是"按钮，将该文件从压缩包中删除，如图 2-22 所示。

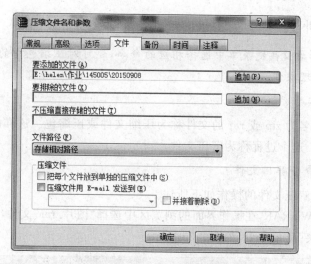

图 2-20　添加文件到压缩包中

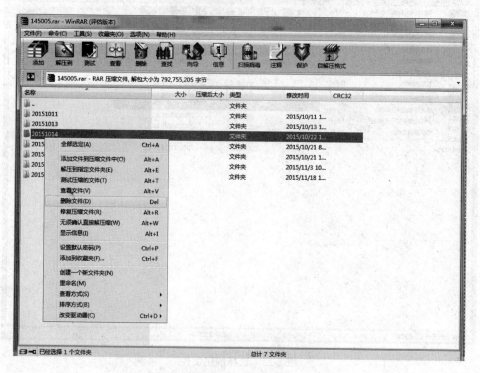

图 2-21　删除文件

图 2-22　确认删除

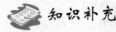 **知识补充**

在图 2-21 所示右键快捷菜单中选择相应的命令,还可对压缩包中的文件进行重命名、解压或者排序等管理操作。

(四) 解压文件

通常把后缀命名为 zip 或 rar 的文件称为压缩文件或压缩包。这样的文件不能直接使用,需要对其解压。这个过程称为解压文件。

1. 通过菜单命令解压文件

通过菜单命令解压文件的操作如下所述。

步骤 1:启动 WinRAR,在操作界面的浏览区中选择"图片.rar"文件,然后选择"命令"→"解压到指定文件夹"菜单命令,如图 2-23 所示。

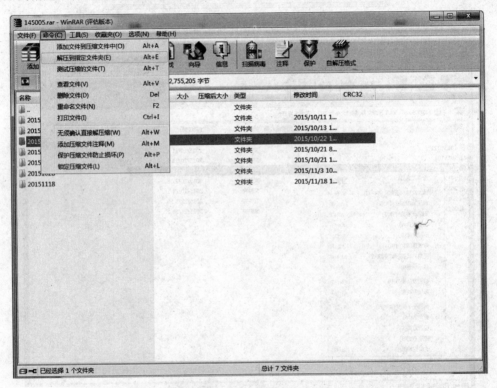

图 2-23　选择解压文件

步骤 2:打开"解压路径和选项"对话框的"常规"选项卡。在"目标路径"下拉列表框中选择存放解压文件的位置,再选择文件更新方式和覆盖方式。这里保持默认设置,如图 2-24 所示。完成后,单击"确定"按钮,开始解压文件。

2. 通过右键快捷菜单解压文件

通过右键快捷菜单解压文件的操作如下所述。

步骤 1:打开压缩文件"145005.rar"所在文件夹"E:\helen\作业\",再在文件"145005.rar"上右击,在弹出的快捷菜单中选择"解压到当前文件夹"命令,如图 2-25 所示。

图 2-24 设置解压路径和选项　　　　　　　图 2-25 利用右键快捷菜单解压文件

步骤 2：完成解压后，可在当前文件夹中查看生效的文件。

 知识补充

解压文件的操作方法与压缩文件有相似之处，都有使用向导、菜单命令和右键快捷菜单解压这三种方法。

（五）修复损坏的压缩文件

如果在解压文件的过程中弹出错误信息，有可能是不慎损坏了压缩包中的数据。此时可以尝试使用 WinRAR 对其修复，具体操作如下所述。

步骤 1：启动 WinRAR，在文件浏览区中找到需要修复的压缩文件，然后选择"工具"→"修复压缩文件"菜单命令，如图 2-26 所示。

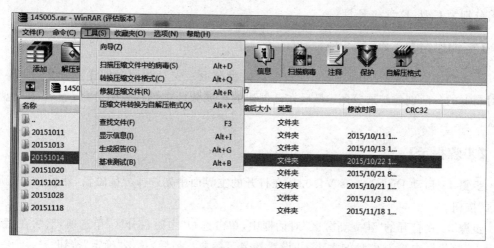

图 2-26 修复压缩文件

步骤 2：在打开的"正在修复"对话框中指定保存修复后的压缩文件的路径和选择压缩文件类型，然后单击"确定"按钮，开始修复文件，效果如图 2-27 所示。

图 2-27 设置修复选项

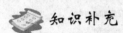 知识补充

在压缩备份文件的过程中,当文件内容发生变化,需再次压缩备份时,可利用 WinRAR 提供的只压缩备份更新的部分内容的功能,方法是:在"压缩文件名和参数"对话框的"常规"选项卡中设置保存文件名等参数后,在"更新方式"下拉列表框中选择"添加并更新文件"选项。这样,就可以避免重复备份。

实训 1 为一块新硬盘分区

【实训要求】

计算机中的数据是存放在磁盘中的。一块新的硬盘需要经过分区和格式化,才能存储数据。如果将一块大容量硬盘当作一个分区使用,对发挥计算机性能和管理文件将非常不利。因此,对新硬盘分区操作,是非常有必要的。现要求使用工具软件为一块新硬盘分区,卷名分别为 C 盘、D 盘和 E 盘。

【实训思路】

本实训使用 DiskGenius V4.0.1 软件为磁盘分区。先对新硬盘创建主分区,即 C 盘;再对剩下的分区创建扩展分区;最后在已创建的扩展分区中创建逻辑分区,卷名为 D 盘和 E 盘。

【步骤提示】

步骤 1:启动 DiskGenius V4.0.1,在打开的主界面中先选择分区磁盘,然后单击"新建分区"按钮。

步骤 2:在打开的"建立新分区"对话框中,单击选中"主磁盘分区"单选项,然后在"新分区大小"数值框中输入 C 盘的大小,并设置卷名等参数。最后,单击"确定"按钮。

步骤 3:重复上述步骤,创建扩展分区和逻辑分区,并根据需要划分 D 盘和 E 盘的大小。

步骤 4:设置分区属性后,单击"保存更改"按钮。重新启动计算机后,分区设置生效。

实训 2　恢复 D 盘中被删除的文件

【实训要求】

要求使用工具软件恢复 D 盘中被删除的文件。进一步熟悉使用该工具软件恢复被删除文件的操作方法。

【实训思路】

本实训使用 EasyRecovery 软件恢复磁盘数据。启动软件后,先选择需要恢复的文件;再选择另外的磁盘,用于存放恢复的文件。利用这一思路,可以尝试使用该软件来恢复其他磁盘中被删除的文件。

【步骤提示】

步骤 1:启动 EasyRecovery,在主界面左侧单击"数据修复"按钮,再单击"删除恢复"按钮。

步骤 2:在打开的对话框中选择被删除文件所在的磁盘,即 D 盘。

步骤 3:软件开始对 D 盘扫描。扫描结束后,选择需要恢复的文件。

步骤 4:在对话框中单击选中"恢复至本地驱动器"单选项,并选择恢复文件的保存位置。

步骤 5:系统开始恢复文件。完成后,显示相关信息。在打开的对话框中单击"否"按钮。

实训 3　压缩并管理 F 盘中的大容量文件

【实训要求】

本实训要求对 F 盘中容量较大的文件进行压缩,并将其他磁盘中相关内容的文件添加到新建的压缩包中。

【实训思路】

本实训将用 WinRAR 工具软件中的菜单命令执行压缩与管理操作。先选择菜单命令;再在"常规"选项卡中设置压缩参数;最后在"文件"选项卡中添加追加的文件。

【步骤提示】

步骤 1:启动 WinRAR,选择需要压缩的文件,然后选择"命令"→"添加文件到压缩文件中"菜单命令。

步骤 2:在打开的"压缩文件名和参数"对话框中设置压缩文件名、保存位置和压缩选项等参数。

步骤 3:在"文件"选项卡中单击"追加"按钮,添加要追加的文件,然后单击"确定"按钮,开始镜像文件压缩。

常见疑难解析

问：除了 DiskGenius V4.0.1 磁盘分区工具软件之外，还有其他常用的同类软件吗？

答：还有 DM(Disk Manager)、Fdisk 和 PartitionMagic 等。这些软件都是硬盘分区管理工具，主要用于磁盘的分区管理，如低级格式化、分区、高级格式化、系统安装等。

问：创建分区与恢复分区有什么区别呢？

答：创建分区是将未分配的空间创建成一个空白的新分区，该空间原来的数据将被忽略；恢复分区是恢复该空间中原有的分区，原来分区里的数据随着分区的恢复被恢复过来。

问：与 EasyRecovery 同类型的软件还有哪些？

答：EasyRecovery 是一款操作比较简单的数据恢复软件，与之同类型的软件还有 RecoverNT、Drive Rescue、Recover4all 和 FinalData 等，它们都具有恢复被破坏的磁盘中丢失的引导记录、BIOS 参数数据块、分区表、FAT 表以及引导区等功能。

问：在恢复数据文件时，能否将恢复的文件保存到原来的位置？

答：一般情况下，建议不要将恢复的文件保存到原来的位置。因为恢复时，需要从原来的位置调用数据。如果保存到原来的位置，可能将源数据覆盖，导致恢复失败。

问：使用 WinRAR，可以将某一磁盘下的所有指定格式文件进行一次性压缩吗？如果单个添加，工作量太大。

答：可以，利用 WinRAR 批处理压缩文件夹内文件和指定文件。

拓展知识

1. DiskGenius 软件两种常见的磁盘管理方法

除前面介绍的内容外，DiskGenius 还有以下两种管理磁盘的方法。

（1）备份分区：利用 DiskGenius 提供的复制分区功能，可以对当前磁盘中的重要分区进行备份。有全部复制、按结构复制和按文件复制三种方式，以满足不同需求，与其磁盘复制功能类似。

（2）隐藏分区：为了工作或生活需要，有时可能会在磁盘中隐藏一些私密数据，利用 DiskGenius 软件的隐藏分区功能可轻松实现，操作方法为：选中需要隐藏的分区，然后选择"分区"→"隐藏当前分区"菜单命令，在弹出的对话框中单击"隐藏分区"按钮，即可将选中的分区隐藏。若要读取隐藏的数据，在主界面中选择"分区"→"显示分区"菜单命令。

2. 利用 EasyRecovery 软件恢复格式化分区中的文件的方法

在主界面中单击"数据修复"按钮，然后在右侧的"数据恢复"列表中单击"格式化恢复"按钮。选择并扫描已格式化的分区，其后的操作方法与恢复彻底删除的数据类似。

3. 利用 WinRAR 软件加密重要文件的方法

使用 WinRAR，除了创建压缩文件外，还可以加密重要文件，方法为：在 WinRAR 浏览区中选择需要加密的压缩文件后，选择"文件"→"设置默认密码"菜单命令，在打开的"输入密码"对话框中设置密码(适当加长密码长度),然后单击"确定"按钮。

课后练习

(1) 安装并启动 DiskGenius V4.0.1,查看计算机上各磁盘的分区,然后练习对分区进行调整容量、合并分区和分割分区等操作。

(2) 在计算机中安装 WinRAR,将一些不常用的大型文件压缩备份,然后对创建的压缩包进行添加文件、删除文件和加密保护等管理。

(3) 尝试使用 EasyRecovery V6.21 软件,恢复计算机中被彻底删除的文件。

项目 3

系统维护与管理工具

小王：小张，我的计算机开机速度好慢，1分多钟都还没打开，太浪费时间了。有没有
      提高开机速度的办法？

小张：你可以使用优化软件对计算机性能进行优化呀！除此之外，优化之后，还可以使
      用 360 安全卫士对计算机进行体检，删除计算机中的垃圾。这样，通常可以提高
      开机速度。

小王：如果是系统出了问题呢？

小张：那就使用 Ghost 软件还原系统。

小王：嗯，我知道了。

- 掌握使用 360 安全卫士维护系统安全的操作方法。
- 掌握使用 Ghost 备份与还原系统的操作方法。
- 熟悉使用"Windows 优化大师"优化系统的基本操作。

- 熟练掌握修复系统、清理系统垃圾与痕迹的操作。
- 熟练掌握备份与还原系统的相关操作。
- 熟练掌握优化系统和清理、维护系统的相关操作。

任务 1　使用 360 安全卫士维护系统安全

360 安全卫士软件具有杀木马，修改漏洞，以及计算机体检等强劲功能，还提供弹出插件免疫、清理使用痕迹和系统还原等特定辅助功能。

一、任务目标

本任务将利用 360 安全卫士来维护计算机系统安全,提高系统运行速度,主要练习对系统体检,修复系统漏洞,清理系统垃圾与痕迹,以及查杀木马等操作。通过本任务的学习,掌握使用 360 安全卫士维护系统安全的操作。

二、相关知识

360 安全卫士是一款由奇虎 360 公司推出的上网安全软件。图 3-1 所示为 360 安全卫士操作界面。

图 3-1　360 安全卫士操作界面

三、任务实施

(一)对计算机进行体检

利用 360 安全卫士对计算机进行体检,实际上是对计算机全面扫描,让用户了解计算机当前的使用状况,并提供安全维护方面的建议。具体操作如下所述。

步骤 1:选择"开始"→"所有程序"→"360 安全中心"→"360 安全卫士"菜单命令,启动 360 安全卫士。

步骤 2:打开"电脑体检"选项卡,窗口中提示当前计算机的体检状态。单击"立即体检"按钮,如图 3-2 所示。

步骤 3:系统自动对计算机扫描体检,在窗口中显示体检进度,并动态显示检测结果。扫描完成后,单击"一键修复"按钮,如图 3-3 所示。

图 3-2　选择操作

图 3-3　进行计算机体检

　　步骤 4：系统自动解决计算机存在的问题。若有些问题需要用户决定是否解决,将弹出相应的对话框来提示,如图 3-4 所示。选中"全选"复选框,然后单击"确认优化"按钮。

　　步骤 5：修复完成如图 3-5 所示。单击"重新体检"超链接,可再次对计算机体检。

图 3-4　需用户决定是否解决的问题

图 3-5　修复完成

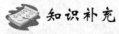　知识补充

通常情况下,对计算机进行体检的目的在于检查计算机是否有漏洞,是否需要安装补丁,或是否存在系统垃圾。若体检分数没有 100 分,一键修复后分数不足 100 分,可浏览窗口中罗列的"系统强化"和"安全项目"等内容,再根据提示信息手动修复。当然,若只是提示软件更新和 IE 主页未锁定等信息,则不需要特别在意,这些问题对计算机运行并无影响。

（二）修复系统漏洞

系统漏洞是指应用软件或操作系统中的缺陷或错误。非法用户将病毒或木马植入这些错误，从而窃取计算机中的重要资料，甚至破坏系统，使计算机无法正常运行。对计算机进行漏洞修复是保护计算机的一种方法，具体操作如下所述。

步骤1：启动360安全卫士，选择"漏洞修复"选项卡，在其中单击"漏洞修复"按钮，系统开始扫描当前计算机是否存在漏洞，并将扫描结果显示在窗口中，如图3-6所示。

图3-6　扫描漏洞

步骤2：若系统存在漏洞，单击"立即修复"按钮，程序将自动修复漏洞，如图3-7所示。若单击"后台修复"按钮，程序将转入后台修复。

步骤3：修复完成后，将提示"修复已完成！已成功修复了3项"，如图3-8所示。

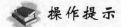 **操作提示**

进入漏洞修复界面，系统一般会自动对计算机存在的高危漏洞、软件更新、可选高危漏洞等项目进行扫描修复。若扫描结果为"无高危漏洞"，则不会自动修复，此时可对扫描结果中罗列的栏目进行自定义扫描，选中要修复的复选框，然后单击"立即修复"按钮。

（三）清理系统垃圾与痕迹

计算机中残留的无用文件和浏览网页时产生的垃圾文件，以及填写的网页搜索内容和注册表单等信息会给系统增加负担，使用360安全卫士可清理系统垃圾与痕迹，具体操作如下所述。

步骤1：启动360安全卫士，选择"电脑清理"选项卡，然后选中所有需要清理的项目对应的复选框，再单击"一键扫描"按钮，如图3-9所示。

图 3-7 开始修复漏洞

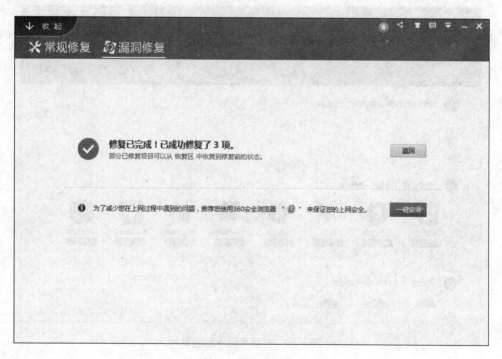

图 3-8 漏洞修复完成

图 3-9　清理计算机

步骤 2：系统开始扫描计算机存在的垃圾、不需要的插件、网络痕迹和注册表中多余的项目，并将扫描结果显示在项目中。扫描完成后，系统自动清理所选的项目，如图 3-10 所示。

图 3-10　扫描系统中的垃圾

步骤 3：清理完成后的界面如图 3-11 所示。单击"重新扫描"按钮，返回"电脑清理"选项卡主界面，然后关闭 360 安全卫士。

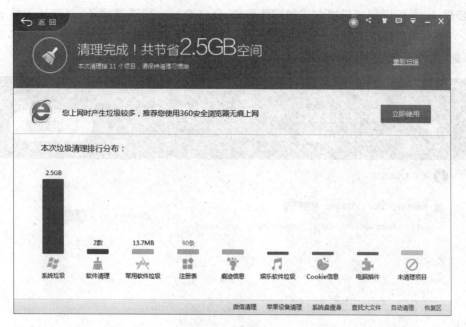

图 3-11 清理完成

(四) 查杀木马

360 安全卫士还提供了木马查杀功能,对计算机各部分进行扫描,实时保护计算机。使用 360 安全卫士查杀木马的操作如下所述。

步骤 1: 启动 360 安全卫士,选择"木马查杀"选项卡。推荐采用快速扫描方式扫描计算机,于是单击"快速扫描"按钮,如图 3-12 所示。

图 3-12 选择扫描方式

步骤 2：系统以快速扫描方式扫描计算机，窗口中显示扫描进度条，并在其下显示扫描项目。完成后，在窗口中显示扫描结果，并将可能存在风险的项目罗列出来。单击"立即处理"按钮，处理安全危险，如图 3-13 所示。

图 3-13　扫描并处理安全危险

步骤 3：成功处理计算机安全危险后，将打开提示对话框，提示处理成功，并建议立刻重新启动计算机。单击"好的，立刻重启"按钮，重新启动计算机，并再次打开 360 安全卫士对计算机进行木马查杀，确保计算机安全，如图 3-14 所示。

图 3-14　扫描完成后重新启动计算机

任务 2　使用 Ghost 备份和还原系统

Ghost 是 Symantec 公司旗下一款出色的硬盘备份还原工具，全称为 NortonGhost（诺顿克隆精灵），主要功能是以硬盘的扇区为单位进行数据的备份与还原操作。

一、任务目标

本任务的目标是利用 Ghost 软件备份和还原系统，主要练习 MaxDOS 安装、通过

MaxDOS 进入 Ghost、备份系统和还原系统等操作。通过本任务的学习,掌握使用 Ghost 备份和还原系统的基本操作,了解其基本原理。

二、相关知识

MaxDOS 工具软件有不同版本,本任务使用 MaxDOS 8 版本。这是一款国产的免费软件,继承了 Ghost 11.0.2,可在安装了 Windows 2000/2003/XP/7 等操作系统的计算机中方便地进入 DOS 状态,对系统进行备份和维护等操作。

在网上搜索 MaxDOS 8 并下载后,按照一般软件的安装方法进行安装。

使用 Ghost 执行还原操作前,需在干净的系统(无病毒的系统)中,即系统未出现问题时对其备份。相当于把正常的系统复制一份存放起来,当系统出现问题时,用 Ghost 将其恢复到正常状态。

三、任务实施

(一) 通过 MaxDOS 进入 Ghost

安装 MaxDOS 8 后,无须任何更改,即可进入纯 DOS 状态,然后启动 Ghost 软件,具体操作如下所述。

步骤 1:成功安装 MaxDOS 8 后,重新启动计算机,弹出如图 3-15 所示启动菜单。通过键盘的方向键 ↓ 选择要启动的程序。这里选择 MaxDOS 8,然后按 Enter 键。

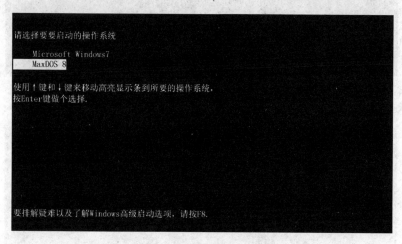

图 3-15　选择要启动的程序

步骤 2:在打开的界面中默认选中第一项。保持默认设置,然后按 Enter 键。

步骤 3:在打开的界面中输入安装该软件时设置的进入 MaxDOS 的密码,然后按 Enter 键。

步骤 4:打开"MaxDOS 8 主菜单"界面,其中显示了 7 个选项。通过方向键 ↓ 或按 G 键选择最后一项,如图 3-16 所示。

步骤 5:按 Enter 键进入纯 DOS 状态。在命令提示符后输入 ghost,如图 3-17 所示,然后按 Enter 键。

步骤 6:进入 Ghost 主界面,打开如图 3-18 所示对话框,按 Enter 键开始使用 Ghost。

图 3-16 选择"纯 DOS 模式"

图 3-17 输入 ghost

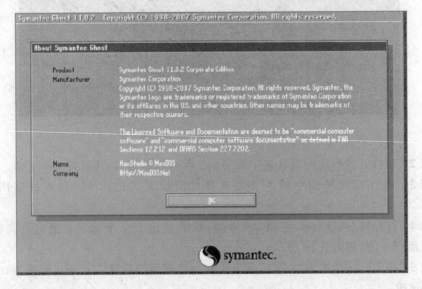

图 3-18 进入 Ghost 主界面

（二）备份操作系统

在 Ghost 状态下备份数据，实际上就是将整个磁盘中的数据复制到另外一个磁盘上，也可以将磁盘数据复制为一个磁盘的映像文件。本任务将备份操作系统，并将其以 beifen. gho 文件的形式保存到 D 盘，具体操作如下所述。

步骤 1：在 Ghost 主界面中通过键盘的方向键选择 Local/Partition/To Image 菜单命令，如图 3-19 所示，然后按 Enter 键。

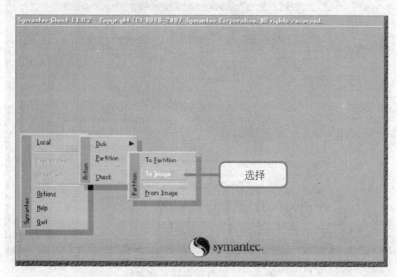

图 3-19　选择 To Image 命令

步骤 2：此时 Ghost 要求用户选择需备份的磁盘。默认只安装了一个硬盘，因此无须选择，直接按 Enter 键即可。

步骤 3：进入如图 3-20 所示选择备份磁盘分区的界面。利用键盘方向键选择第一项（及系统盘），按 Tab 键单击 OK 按钮，当其高亮显示时，按 Enter 键。

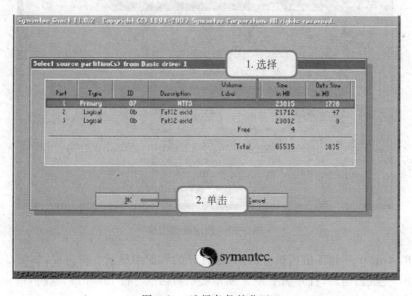

图 3-20　选择备份的分区

步骤 4：打开 File name to copy image to 对话框，按 Tab 键切换到文件位置下拉列表框，然后按 Enter 键，在弹出的下拉列表框中选择 D 项。

步骤 5：按 Tab 键切换到文件所在的文本框，输入备份文件名 beifen，然后按 Tab 键，单击 Save 按钮，如图 3-21 所示。最后按 Enter 键保存。

步骤 6：打开一个提示对话框，询问是否压缩镜像文件。默认不压缩，直接按 Enter 键。

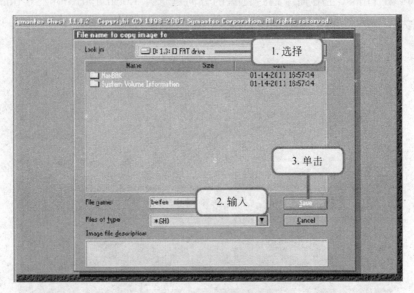

图 3-21　设置保存路径和名称

步骤 7：打开如图 3-22 所示对话框，询问是否继续创建分区映像。默认不创建。此时，按 Tab 键，单击 Yes 按钮，然后按 Enter 键。

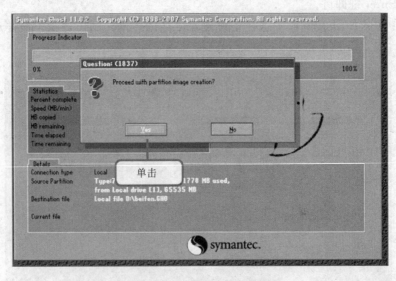

图 3-22　创建映像文件

步骤 8：Ghost 开始备份所选分区，并在打开的界面中显示备份进度，如图 3-23 所示。

步骤 9：完成备份后，打开如图 3-24 所示提示对话框。按 Enter 键，返回 Ghost 主界面。

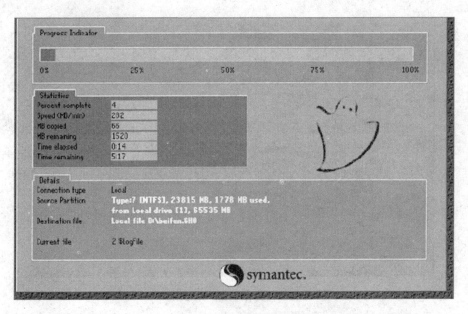

图 3-23　显示备份进度

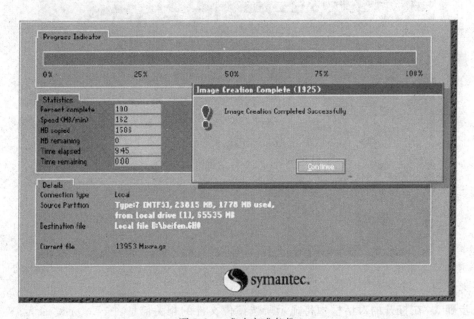

图 3-24　成功完成备份

（三）还原操作系统

如果出现磁盘数据丢失或操作系统崩溃的现象，可利用 Ghost 恢复之前备份的数据。本任务将练习还原备份的系统，其具体操作如下所述。

步骤 1：通过 MaxDOS 8 进入 DOS 操作系统，打开 Ghost 主界面。选择 Local/Partition/From Image 菜单命令，如图 3-25 所示，然后按 Enter 键。

步骤 2：打开 Image file name to restore from 对话框，选择之前备份的镜像文件所在的位置，并在列表框中选择要恢复的映像文件，如图 3-26 所示，然后按 Enter 键。

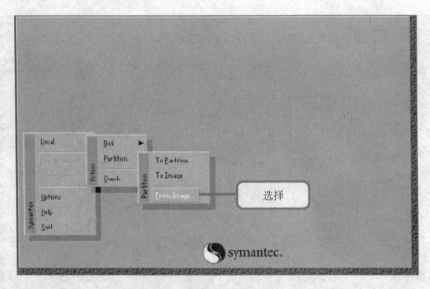

图 3-25　选择 From Image 命令

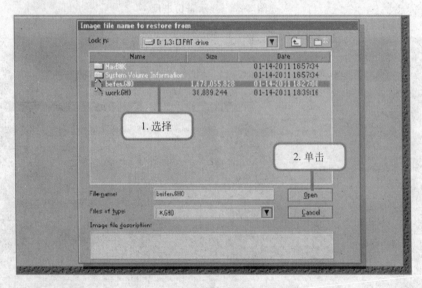

图 3-26　选择要还原的镜像文件

步骤 3：在打开的对话框中将显示所选镜像文件的相关信息，按 Enter 键确认。

步骤 4：在打开的对话框中提示选择要恢复的硬盘。这里只有一个硬盘，因此直接按 Enter 键进入下一步。

步骤 5：打开如图 3-27 所示的界面，提示选择要还原到的磁盘分区。这里需要还原的是系统盘，因此选择第一项，这也是系统默认的选项，然后单击 OK 按钮。

步骤 6：打开提示对话框，提示将覆盖所选分区，破坏现有数据。按 Tab 键选择对话框中的按钮，确认还原，如图 3-28 所示，然后单击 Yes 按钮。

步骤 7：系统开始执行还原操作，并在打开的界面中显示进度。完成还原后，保持默认设置，然后按 Enter 键重新启动计算机。

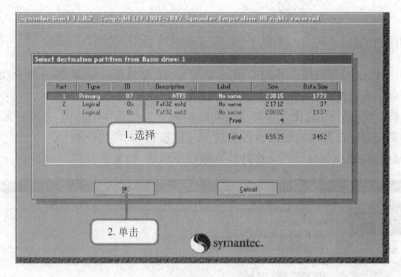

图 3-27　选择需还原的磁盘分区

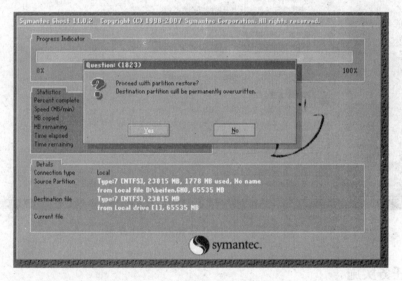

图 3-28　确认还原

任务3　使用 Windows 优化大师优化系统

Windows 优化大师是一款功能强大的系统工具软件，它提供了系统信息检测、系统性能优化、系统清理、系统维护四大功能，以及数个附加的工具软件。使用 Windows 优化大师，可有效帮助用户了解计算机的软/硬件问题，确保系统正常运转。

一、任务目标

本任务的目标是利用 Windows 优化大师优化系统，减小系统冗余，将主要练习系统信息检测、系统性能优化、系统清理维护等操作。通过本任务的学习，掌握 Windows 优化大师的基本操作。

二、相关知识

Windows 优化大师的操作界面如图 3-29 所示，主要包括 4 个部分，分别介绍如下。

（1）模块：系统检测、系统优化、系统清理和系统维护。

（2）功能：Windows 优化大师对应的功能模块下包括具体的功能，各有详细说明。

（3）功能按钮：在界面右侧列出各模块的功能按钮，方便用户选择。

（4）信息与功能应用显示区：选择具体的功能模块，将显示详细的信息。

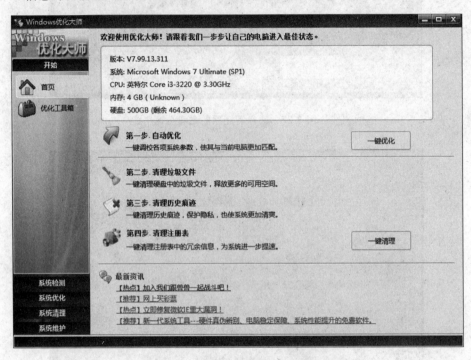

图 3-29　Windows 优化大师操作界面

三、任务实施

（一）检测系统信息

利用 Windows 优化大师的系统检测功能，可以检测计算机中所有硬件和软件的相关信息。本任务将通过 Windows 优化大师的"系统检测"模块，检测计算机的处理器、主板、存储系统以及相关信息等，具体操作如下所述。

步骤 1：安装 Windows 优化大师后，选择"开始"→"所有程序"→"Windows 优化大师"菜单命令。

步骤 2：进入 Windows 优化大师操作界面，在左侧的功能切换区中选择"系统检测"模块，在展开的列表中默认选择"系统信息总览"选项卡，显示当前计算机的软/硬件相关信息，如图 3-30 所示。

步骤 3：在"系统检测"模块下选择"软件信息列表"选项卡，在右侧的列表框中将显示计

图 3-30 总览系统信息

算机中所有软件的详细信息。

步骤 4：在"系统检测"模块下选择"更多硬件信息"选项卡，提示使用"鲁大师"进行检测。若安装了"鲁大师"，将直接打开"鲁大师"窗口，并自动检测计算机中 CPU、显卡、硬盘以及主板温度和需要安装的驱动等，如图 3-31 所示。

图 3-31 检测各硬盘温度和需要安装的驱动

步骤 5：在左侧选择相应的选项卡，即可在右侧查看对应内容的详细检测结果，如处理器、内存卡、硬盘等。

步骤 6：选择"硬件"选项卡，将显示音频和输出设备的详细检测结果。完成信息检测后，单击"鲁大师"窗口中的"关闭"按钮，返回 Windows 优化大师操作界面。

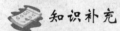 知识补充

使用"鲁大师"，还能为计算机设置过热保护。当计算机 CPU 达到指定温度时，将发出警报，提醒用户。

（二）优化系统性能

通过 Windows 优化大师中的"系统优化"模块，可以更好地提高计算机系统的稳定性和运行速度。系统优化主要包括磁盘缓存优化、桌面菜单优化、文化系统优化、网络系统优化、开机速度优化等项，具体操作如下所述。

步骤 1：启动 Windows 优化大师并进入其操作界面，选择"系统优化"模块。在打开的列表中默认选择"磁盘缓存优化"选项卡，调整磁盘缓存和内存性能，并根据需要选择相应的复选框，如图 3-32 所示。完成设置后，单击"优化"按钮。

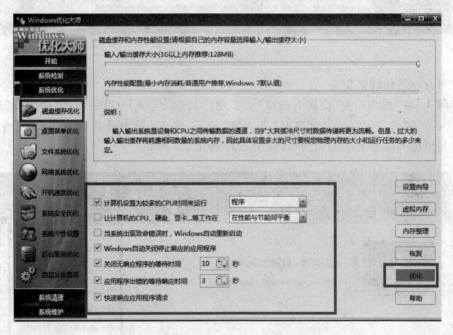

图 3-32　优化磁盘缓存

步骤 2：在"磁盘缓存优化"选项卡中，单击"虚拟内存"按钮，可以在打开的对话框中设置虚拟内存；单击"内存整理"按钮，可以通过设置，快速释放内存空间。

步骤 3：选择"桌面菜单优化"选项卡，在弹出的列表框中设置桌面菜单的速度和桌面图标的缓存。完成设置后，单击"优化"按钮。

步骤 4：选择"文件系统优化"选项卡，在右侧列表框中优化系统盘中的文件系统。建议没有使用虚拟光驱的用户将"最佳访问方式"滑块拖曳至推荐值，如图 3-33 所示。然后，根据需要选中下面的复选框。完成设置后，单击"优化"按钮。

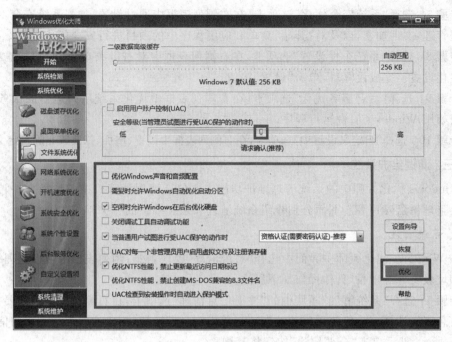

图 3-33　优化文件系统

步骤 5：选择"网络系统优化"选项卡，在右侧列表框中选择所需上网方式，然后进行相应的设置。完成设置后，单击"优化"按钮。

步骤 6：选择"开机速度优化"选项卡，在右侧列表框中设置启动信息停留时间和开机时需自动运行的项目，如图 3-34 所示，从而提高系统启动速度。完成设置后，单击"优化"按钮。

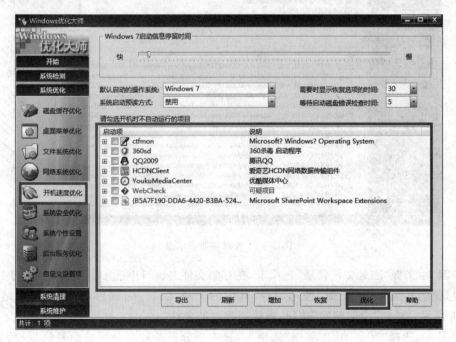

图 3-34　优化开机速度

步骤7：选择"系统安全优化"选项卡，在右侧列表框中通过设置，加强系统安全，主要包括进程管理、文件加密，以及对"开始"菜单和应用程序中的项目进行安全优化。

步骤8：选择"系统个性设置"选项卡，在右侧列表框中对右键菜单、桌面和其他项目进行个性化设置。完成设置后，单击"设置"按钮。

步骤9：选择"后台服务优化"选项卡，在右侧列表框中优化系统后台运行的服务，以及启动或禁用 Windows 后台运行程序。

步骤10：选择"自定义设置项"选项卡，在右侧列表框中设置、增加、修改或删除自定义项。

（三）清理维护系统

Windows 优化大师中的系统清理维护功能主要包括清理计算机中的垃圾文件、冗余信息以及整理磁盘碎片等。下面分别介绍系统清理和系统维护的相关知识。

1．系统清理

在 Windows 优化大师主界面中选择"系统清理"模块，在右侧列表框中可以清理维护注册表和垃圾文件等项目，具体操作如下所述。

步骤1：选择"系统清理"模块中的"注册信息清理"选项卡，在右侧窗口中选中要扫描的注册信息表复选框。一般使用推荐的选项。单击"扫描"按钮，扫描注册表中无用的信息，如图 3-35 所示，然后单击"全部删除"按钮将其删除。

图 3-35　清理注册表信息

步骤2：选择"磁盘文件管理"选项卡，在右侧文件夹窗口中选中要扫描的文件夹或磁盘分区复选框，然后单击"扫描"按钮，扫描其中的垃圾文件。完成后，将显示搜索结果，如图 3-36 所示。单击"全部删除"按钮，删除这些垃圾文件。

步骤3：选择"冗余 DLL 清理"选项卡，选中要分析的硬盘分区前的复选框，然后单击"分析"按钮，Windows 优化大师将自动分析硬盘上的动态链接库（DLL）是否有用，并列出

图 3-36 管理磁盘文件

分析结果。根据分析结果进行删除。

步骤4：选择"ActiveX 清理"选项卡，然后单击"分析"按钮分析 AcyiveX/COM 组件。分析完毕，即可根据需要修复无效的 ActiveX/DOM 组件。

步骤5：选择"软件智能卸载"选项卡，在右侧列表框中选择系统中安装的软件，然后单击"分析"按钮，如图 3-37 所示。根据提示对话框单击"卸载"按钮，卸载选择的软件。

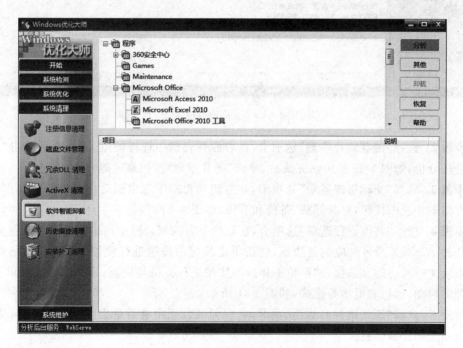

图 3-37 分析程序信息

步骤6：选择"历史痕迹清理"选项卡，在右侧列表框中选中需要清理的历史记录对应的复选框，然后单击"全部删除"按钮进行清理。

步骤7：选择"安装补丁清理"选项卡，在右侧列表框中自动分析安装到系统中的补丁文件。找到冗余文件时，需及时删除。

2. 系统维护

系统维护主要包括系统磁盘医生、磁盘碎片整理、驱动智能备份、其他设置选项、系统维护日志以及360杀毒6个部分，具体操作如下所述。

步骤1：在"系统维护"模块中选择"系统磁盘医生"选项卡，在右侧列表框中选中硬盘对应的复选框，然后单击"检查"按钮进行检查，如图3-38所示。

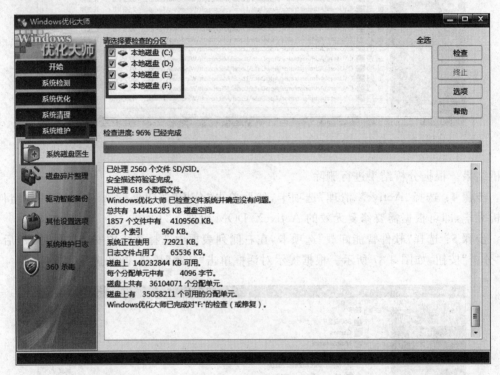

图 3-38　系统磁盘医生

步骤2：选择"磁盘碎片整理"选项卡，在右侧列表框中选择硬盘分区，然后单击"分析"按钮进行分析，如图3-39所示。完成后，单击"碎片整理"按钮整理碎片。

步骤3：选择"驱动智能备份"选项卡，在右侧列表框中选中驱动程序前的复选框，然后在下方单击相应的按钮，对其卸载、备份和升级，如图3-40所示。

步骤4：选择"其他设置选项"选项卡，在右侧上方的列表框中选中需要在浏览网页时禁止安装的ActiveX插件对应的复选框，然后单击相应的按钮进行设置；在下方的列表框中选中系统文件对应的复选框，然后单击相应的按钮进行备份与恢复；还可设置Windows优化大师的启动、运行和退出等模式，如图3-41所示。

步骤5：选择"系统维护日志"选项卡，在右侧列表框中查看最近使用Windows优化大师优化系统的详细信息。

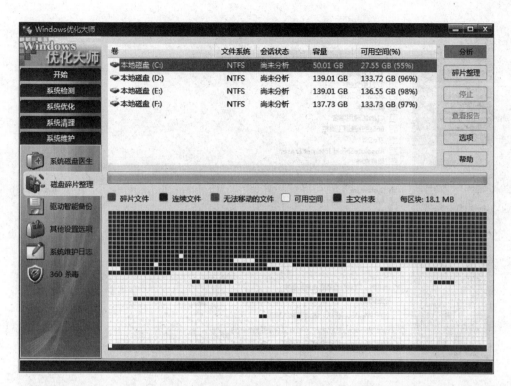

图 3-39 磁盘碎片分析

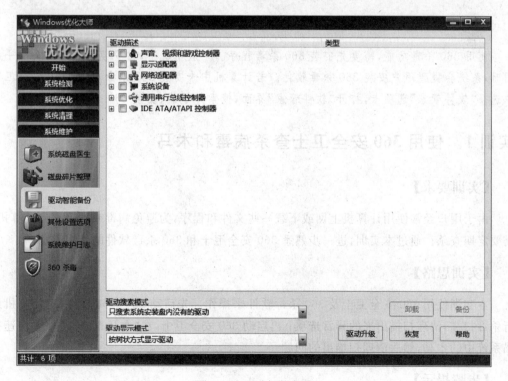

图 3-40 驱动智能备份

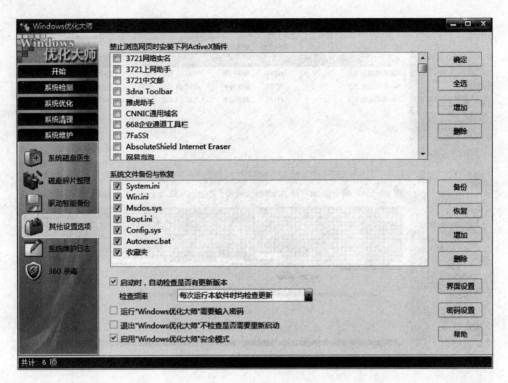

图 3-41 设置其他选项

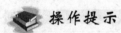 **操作提示**

使用 360 杀毒功能,需要先安装 360 杀毒程序。一般情况下,在安装好 360 安全卫士的同时,系统会提醒用户安装 360 杀毒软件。若计算机中未安装 360 杀毒,可在 360 安全卫士中选择"软件管家"选项卡,打开"软件管家"界面,搜索并下载、安装 360 杀毒。

实训 1 使用 360 安全卫士查杀病毒和木马

【实训要求】

由于用户经常使用计算机上网或下载一些文件和程序,为避免病毒或木马感染计算机,需要定期查杀。通过本实训,进一步熟悉 360 安全卫士和 360 杀毒软件的使用方法。

【实训思路】

本实训使用 360 安全卫士及 360 杀毒软件来操作。先启动 360 杀毒软件,对计算机进行杀毒扫描,清理扫描出来的异常选项;再启动 360 安全卫士,在"木马查杀"模块下快速扫描系统中的木马,然后清理扫描出的问题。

【步骤提示】

步骤 1:通过"开始"菜单启动 360 杀毒软件,然后在主界面中单击"快速扫描"按钮,对计算机快速扫描。

步骤2：扫描完成后，单击"立即处理"按钮，处理扫描出的异常选项。完成后，单击"确定"按钮，再单击×按钮退出软件。

步骤3：启动360安全卫士，在主界面中选择"木马查杀"选项卡，再单击"快速扫描"按钮。

步骤4：扫描完成后，单击"立即处理"按钮，处理扫描出的问题。

实训2 备份与还原计算机系统

【实训要求】

本实训要求使用Ghost练习备份与还原系统的操作，并且复习进入纯DOS模式下的操作过程，巩固备份与还原系统的方法。

【实训思路】

本实训利用Ghost备份与还原系统。在实际操作过程中需要谨慎，先安装MaxDOS 8工具箱，进入Ghost，然后设置文件备份位置，最好选择除系统盘外的任意一个盘符，再还原系统。在还原时，一定要选择正确的目标硬盘，确保还原文件到目标位置。

【步骤提示】

步骤1：安装MaxDOS 8工具箱，并在纯DOS模式下进入Ghost。
步骤2：选择Local/Partition/To Image菜单命令。
步骤3：为镜像文件选择保存位置并命名，然后开始备份。
步骤4：选择Local/Partition/From Image菜单命令，进行还原操作。

实训3 优化系统性能

【实训要求】

计算机使用过一段时间后，开机速度以及软件运行速度会减慢，因此需要定期对计算机系统进行优化，提高运行速度和计算机性能。通过本实训，进一步巩固优化系统的相关操作。

【实训思路】

本实训运用Windows优化大师软件，对系统性能进行优化。在"磁盘缓存优化"选项卡中设置缓存，然后在"开机速度优化"选项卡中设置启动信息停顿时间，最后设置开机时不运行的项目。

【步骤提示】

步骤1：启动Windows优化大师，打开"磁盘缓存优化"选项卡。

步骤 2：设置缓存大小和内存性能，然后单击"优化"按钮。

步骤 3：打开"开机速度优化"选项卡。

步骤 4：拖曳滑块，调整启动信息停留时间。

步骤 5：选中开机时不运行的项目，然后单击"优化"按钮。

常见疑难解析

问：除了 360 安全卫士和 360 杀毒软件之外，还有哪些软件能保护计算机？

答：市面上保护计算机的软件很多，如瑞星、卡巴斯基、江民等，都支持计算机系统和软件保护，且各有不同的功能和特性。大部分软件是免费的，可直接下载使用。有些软件或软件中的部分功能需要收费。

问：Windows 有自带的系统备份与还原工具吗？

答：有。Windows 操作系统自带系统备份与还原工具。利用该功能，可将某个时间点的状态记录下来，将其创建为一个还原点进行备份。当系统出现问题后，利用该还原点将系统恢复到备份时的状态。在使用该功能时，必须创建一个还原点。若系统已自动创建了还原点，无须手动创建。

拓展知识

1. 使用超级兔子优化系统

超级兔子是一个完整的系统维护工具，用于清理文件和注册表中的垃圾，还有强大的全歼卸载功能。超级兔子共有 8 大组件，可以优化和设置系统的大多数选项，并具有 IE 修复、恶意程序检测和清除功能；还可以防止其他人浏览网站，阻挡色情网站以及对端口进行过滤。该软件使用起来非常简单，只需选择要优化的项目，其他优化操作全部由软件自动完成。

2. 使用驱动精灵备份与还原驱动程序

驱动程序是一种可以使计算机和设备通信的特殊程序，相当于硬件接口。操作系统只有通过这个接口，才能控制硬件设备的工作。经常重装操作系统的用户可能遇到找不到原版驱动程序，或事先没有备份驱动，需要重新下载的情况，使用驱动精灵可快速解决此类问题。下载、安装驱动精灵后运行该软件，即可自动搜索需要安装的驱动。

课后练习

（1）备份计算机中的驱动程序。

（2）安装 Windows 优化大师，使用其"一键优化"功能对计算机性能全面优化。

（3）使用 Windows 优化大师对磁盘进行碎片整理，并利用 Ghost 备份系统。

项目 4

电子阅读与翻译工具

小王：小张，这里有几份 PDF 文档，我怎么打不开呢？

小张：这种 PDF 文档文件要用专用的阅读器才能打开，最常用的就是 Adobe Reader。另外，这里有几篇英文文档，一会儿你拿去翻译一下。

小王：翻译？我的英文水平可不高啊！

小张：呵呵，你可以使用翻译软件啊！给你推荐一款专业的翻译软件——有道词典。

小王：好的，这就去下载！

- 掌握使用 Adobe Reader 阅读 PDF 文档的方法。
- 掌握使用有道词典进行即时翻译的方法。

- 掌握阅读 PDF 文档的方法。
- 掌握翻译软件的使用方法。

任务 1　使用 Adobe Reader 阅读 PDF 文档

PDF 是由 Adobe 公司开发的独特跨平台文件格式。打开并编辑 PDF 文件需要专门的工具软件，最常用的就是 Adobe Reader。

一、任务目标

本任务将利用 Adobe Reader 来阅读 PDF 文档，主要练习阅读 PDF 文档、选择与复制文档内容、使用 Adobe Reader 的朗读功能等操作。通过本任务的学习，掌握使用 Adobe

Reader 阅读 PDF 文档的操作方法。

二、相关知识

Adobe Reader 是一款用于查看、阅读、打印 PDF 文件的最佳工具,其操作界面由菜单栏、工具栏和导览窗格等部分组成,如图 4-1 所示。

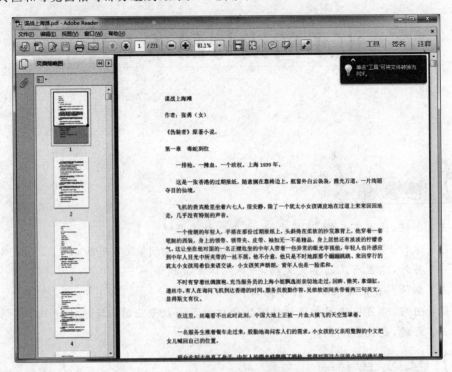

图 4-1　Adobe Reader 9 的操作界面

(1) 工具栏:提供了常用命令的快捷方式按钮,并可选择文档显示的比例。

(2) 导览窗格:包括"书签""页面""附件"和"注释"等标签。"书签"标签中一般显示图书的目录,以方便快捷定位需要显示的内容;"页面"条件下,将显示每一项的缩略图。单击某一缩略图,将在文档内容窗口中显示该页内容。

PDF(Portable Document Format)文件格式是 Adobe 公司开发的电子文件格式。这种文件格式与操作系统平台无关,可在任何操作系统中使用。这一特点使 Internet 上越来越多的电子图书、产品说明、公司广告、网络资料以及电子邮件等开始使用这种格式。

设计 PDF 文件格式的目的是支持跨平台的、多媒体集成的信息出版和发布,尤其是提供对网络信息发布的支持。PDF 文件格式可以将文字、字型、格式、颜色及独立于设备和分辨率的图形、图像等封装在一个文件中。该格式文件还可以包含超文本链接、声音和动态影像等电子信息,同时支持特长文件,且文件集成度和安全可靠性都较高。

三、任务实施

(一)阅读 PDF 文档

在阅读 PDF 类型的文档之前,首先应获取 Adobe Reader 安装程序,然后将其安装到计算机中。

利用 Adobe Reader 阅读 PDF 文档的操作如下所述。

步骤 1：选择"开始"→"所有程序"→Adobe Reader 9 菜单命令，启动 Adobe Reader 9。

步骤 2：在 Adobe Reader 9 操作界面中，选择"文件"→"打开"菜单命令，如图 4-2 所示。

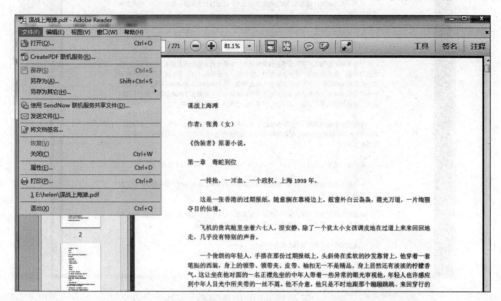

图 4-2 选择操作

步骤 3：打开"打开"对话框，在"查找范围"下拉列表框中选择文档存放的位置，在列表框中选择"谍战上海滩"选项，然后单击"打开"按钮，如图 4-3 所示。

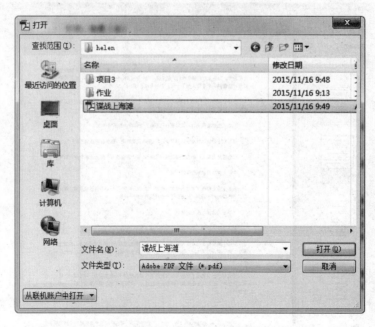

图 4-3 选择 PDF 文档

步骤 4：打开文档进行阅读，如图 4-4 所示。

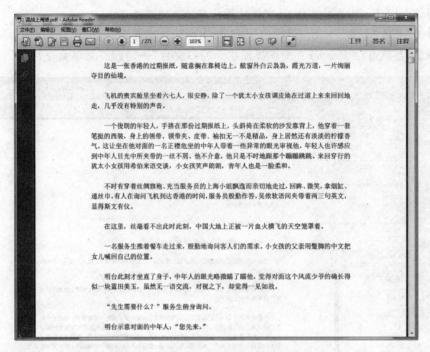

图 4-4　打开 PDF 文档

步骤 5：单击 Adobe Reader 9 窗口左侧的"页面"按钮，在显示的文档列表中再次单击需要阅读的文档缩略图，可快速打开指定页面并在浏览器区中阅读，如图 4-5 所示。

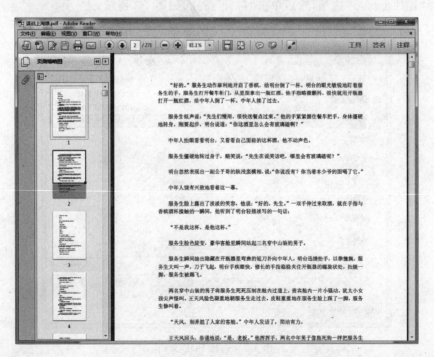

图 4-5　阅读指定页面

    步骤6：单击 Adobe Reader 9 窗口左侧的"书签"按钮，在显示的列表框中再次单击相关的书签链接，可快速打开指定页面进行阅读。

    步骤7：单击窗口左侧的"折叠"按钮，关闭左侧列表框，然后单击工具栏中的"放大"按钮，在浏览区中放大显示文档内容，如图 4-6 所示。

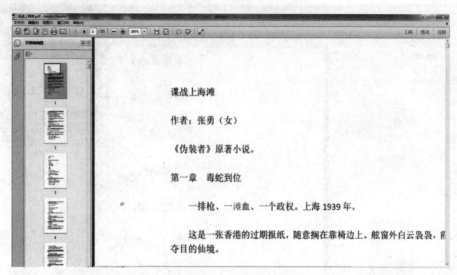

图 4-6 放大文档内容

    步骤8：单击工具栏中的"下一页"按钮，如图 4-7 所示，翻到下一页阅读文档内容。

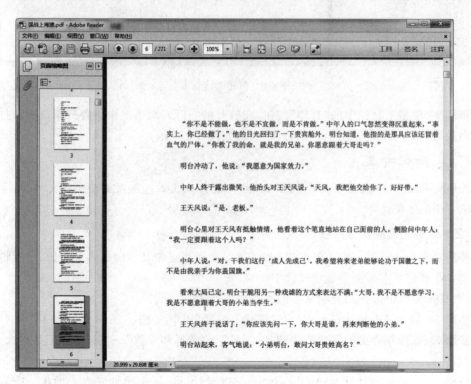

图 4-7 单击"下一页"按钮

![知识补充图标] **知识补充**

在 Adobe Reader 中单击工具栏中的"上一页"按钮,可跳转到上一个页面;在其后的数值框中输入页码,然后按 Enter 键,可快速跳转到指定页面,如图 4-8 所示。

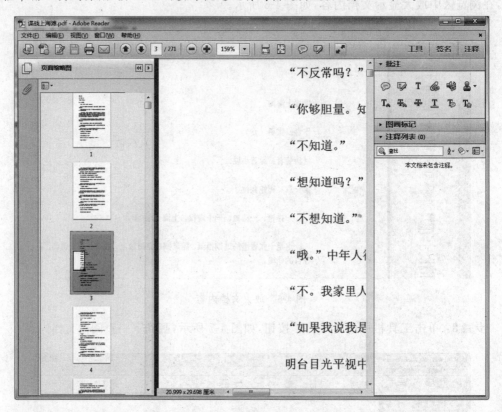

图 4-8　指定阅读页面

步骤 9:单击工具栏中的"打印"按钮,在打开的"打印"对话框中设置打印范围和打印份数等参数后,单击"确定"按钮,开始打印文档,如图 4-9 所示。

![知识补充图标] **知识补充**

Adobe Reader 只能用于阅读 PDF 文档,不能修改文本。如果需要编辑文档,需要使用 Adobe Acrobat 等软件。

(二)选择和复制文档内容

使用 Adobe Reader 阅读 PDF 文档时,可以选择和复制其中的文本及图像,然后将其粘贴到 Word 和记事本等文字处理软件中。

在 PDF 文档中选择和复制文本的操作如下所述。

步骤 1:启动 Adobe Reader,打开"谍战上海滩"PDF 文档。

步骤 2:在操作界面的菜单栏中选择"工具"→"选择和缩放"→"选择工具"菜单命令,如图 4-10 所示。

步骤 3:将鼠标指针移至 Adobe Reader 文档浏览区,鼠标指针变为 Ⅰ 形状。在需要选择文本的起始点单击并拖动,到目标位置后释放鼠标,指针变为 ▶ 形状,如图 4-11 所示。

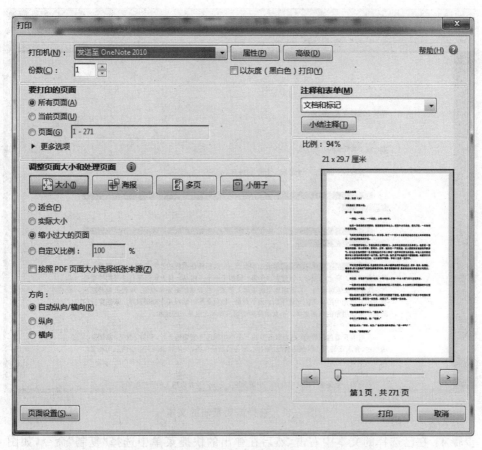

图 4-9　"打印"对话框

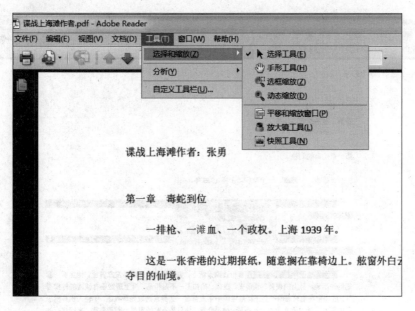

图 4-10　选择操作

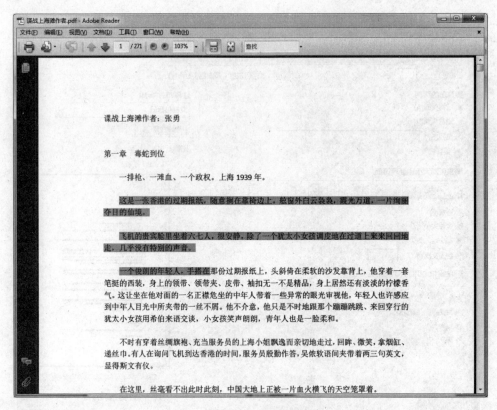

图 4-11　选择需要复制的文本

步骤 4：在已选择的文本中右击，然后在弹出的快捷菜单中选择"复制"命令，如图 4-12 所示。

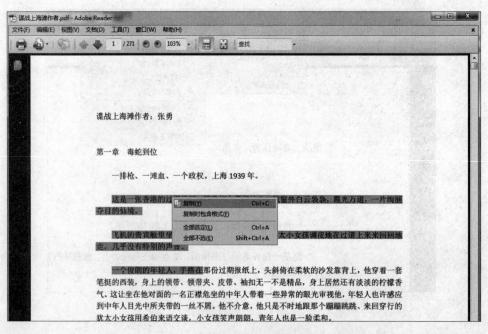

图 4-12　复制文本

步骤5：启动记事本，然后按 Ctrl＋V 组合键，将 PDF 文档中复制的文本内容粘贴到记事本，如图 4-13 所示。

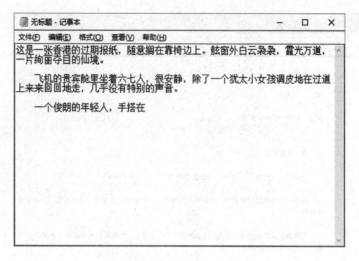

图 4-13　粘贴文本

（三）使用朗读功能

Adobe Reader 提供了语言朗读功能，而且操作十分方便，具体操作如下所述。

步骤1：启动 Adobe Reader，打开"谍战上海滩"PDF 文档。

步骤2：在操作界面的菜单栏中，选择"视图"→"朗读"→"启用朗读"菜单命令，如图 4-14 所示。

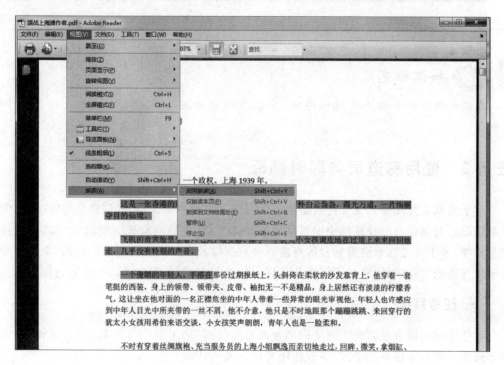

图 4-14　选择操作

步骤3：开始加载朗读功能。一般情况下，加载时间较长。加载完成后，在页面上出现如图 4-15 所示矩形框，被框选的内容将被朗读。

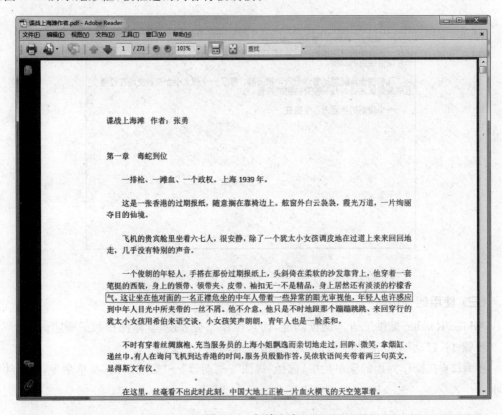

图 4-15　朗读文本

步骤4：若要停止朗读，选择"视图"→"朗读"→"停用朗读"。

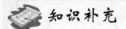 **知识补充**

在绝大部分电子邮件应用程序中，可以直接双击图标打开以附件形式存在的 PDF 文档。

任务2　使用有道词典即时翻译

对于经常需要阅读英文文件或是正在学习英文的用户来说，英汉词典是日常工作、生活的必需品。有道词典是计算机中即时翻译的必备工具，它是网易有道推出的词典相关的服务与软件，基于有道搜索引擎后台的海量网页数据以及自然语言处理中的数据，集合了大量的中文与外语并行语料，通过网络服务及桌面软件的方式，让用户可以方便地查询。

一、任务目标

本任务将利用有道词典完成单词的查询与即时翻译，主要练习词典查询、翻译、添加生词等操作。通过本任务的学习，掌握使用有道词典的基本方法。

二、相关知识

有道词典是一款针对英语、法语、日语、韩语的字、词、句,乃至整段文章的文字互译软件,它集成了全球领先的 TTS 全程化语音技术,可以查询标准的读音。

有道词典有多个版本,包括桌面版、手机版、PAD 版、网页版、离线版、Mac 版以及各种浏览器插件的版本。

启动有道词典 6.0,打开其操作界面,如图 4-16 所示。

图 4-16 有道词典操作界面

三、任务实施

(一) 词典查询

词典查询作为有道词典的核心功能,具有智能索引、查词条、查词组、模糊查询、相关词扩展等应用。此外,可以通过软件默认设置的通用词典查询。下面通过查询 compose 的含义,讨论其操作方法。

步骤 1:选择"开始"→"所有程序"→"有道"→"启动有道词典"菜单命令,打开有道词典操作界面。

步骤 2:在"词典"选项卡的搜索框中输入要查询的单词。这里输入 compose,如图 4-17 所示,然后单击 🔍 按钮或按 Enter 键。

步骤 3:在打开的界面中显示 compose 的详细解释,如图 4-18 所示。

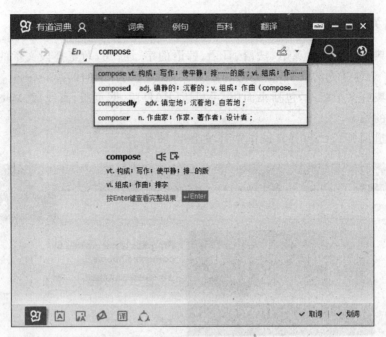

图 4-17　输入要查询的单词

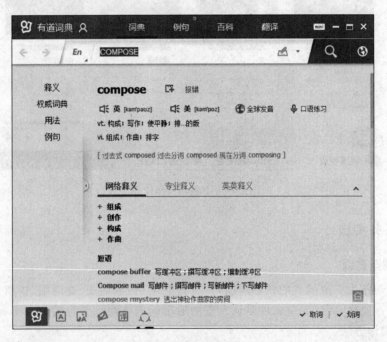

图 4-18　单词详解

步骤 4：在窗口左侧选择"权威词典"选项卡，可以查看权威词典中的单词释义，如图 4-19 所示。

步骤 5：在窗口左侧选择"用法"或"例句"选项卡，可在右侧看到相关的详细释义，如图 4-20 所示。

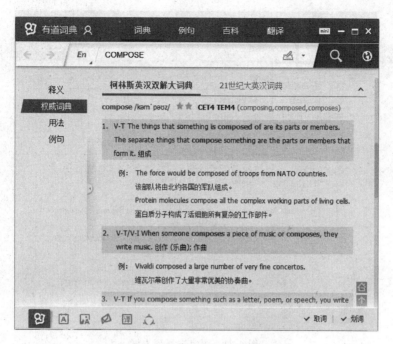

图 4-19　查看权威词典中的释义

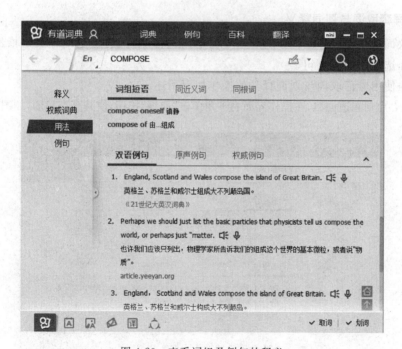

图 4-20　查看词组及例句的释义

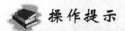 操作提示

　　当需要查询法语、日语或韩语单词时，单击 **En** 按钮，在弹出的下拉列表中选择对应的选项，如图 4-21 所示。

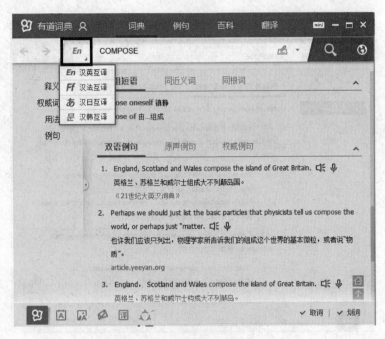

图 4-21　语言选择列表框

(二)屏幕取词与划词释义

屏幕取词是指使用有道词典对屏幕中的单词进行即时翻译,划词释义是指使用有道词典翻译鼠标选中的词组或句子。

开启并使用屏幕取词与划词释义的操作如下所述。

步骤 1:启动有道词典,在操作界面右下角单击"取词"按钮,使其高亮显示,如图 4-22 所示。

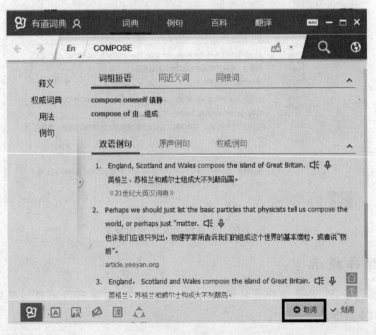

图 4-22　开启鼠标取词功能

步骤2：打开一篇英文文档，将光标悬停在需要解释的单词上，如 made me，在打开的窗格中将显示选中英文的释义；将鼠标指针移到该窗格中，将显示其中的工具栏，如图 4-23 所示。

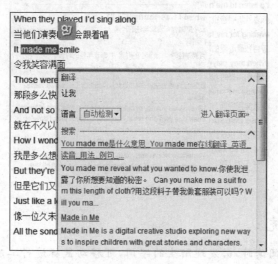

图 4-23 屏幕取词

步骤3：在有道词典主界面右下角单击"划词"按钮，使其变为启用状态，如图 4-24 所示。

步骤4：在文档中拖动鼠标选择需要翻译的句子。完成选取后，将自动显示该句的释义，如图 4-25 所示。

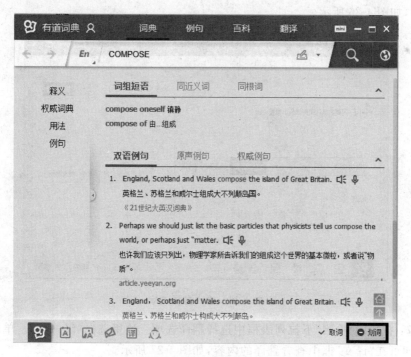

图 4-24 开启展示划词图标功能

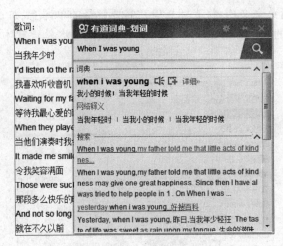

图 4-25　划词释义

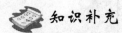 **知识补充**

用户在取词窗口阅读时,若发现陌生的字词,可移动鼠标进行二次辅助取词,同样可以得到准确的译文。

(三)翻译功能

有道词典提供了强大的翻译功能,不仅可以自动翻译单词、句子,还可以进行人工翻译,具体操作如下所述。

步骤1:启动有道词典,然后选择"翻译"选项卡,再在原文框中输入要翻译的文本(中文或者外文),如图 4-26 所示。

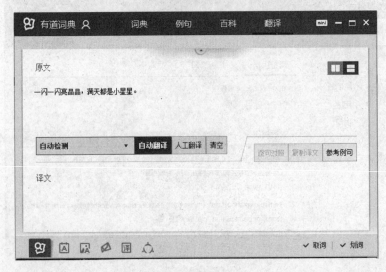

图 4-26　输入翻译文字

步骤2:在"自动检测"下拉列表框中选择翻译选项。这里选择"汉→英"。单击"自动翻译"按钮,即可在"译文"框中查看翻译的内容,如图 4-27 所示。

图 4-27　查看翻译结果

知识补充

有道词典也提供专业的人工翻译。单击"人工翻译"按钮，打开人工翻译网页，然后单击"立刻下单"按钮，并选中"快速翻译"选项卡，再在其中进行相关的设置。

（四）添加生词

有道词典还提供了生词本的功能，将生词放入其中，以便记忆。具体操作如下所述。

步骤 1：选择要加入单词本的单词，然后单击"添加到单词本"按钮，如图 4-28 所示；再次单击该按钮，打开"修改单词"对话框，设置单词的音标和解释等。

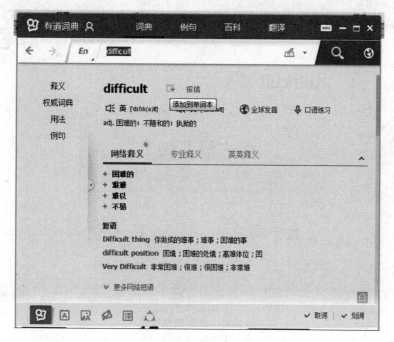

图 4-28　添加生词

步骤 2：在有道词典界面左下角单击"单词本"按钮，打开"有道单词本"窗口，如图 4-29 所示。

图 4-29　"有道单词本"窗口

步骤 3：对单词进行添加、编辑、删除和管理等设置，然后单击"卡片浏览模式"按钮，如图 4-30 所示。

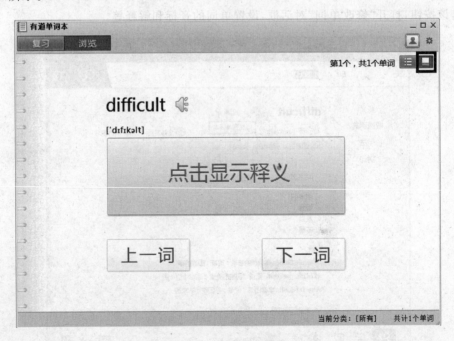

图 4-30　卡片浏览模式

步骤4：单击"单词本设置"按钮，打开"单词本设置"对话框，设置"复习"的相关选项，如图 4-31 所示。

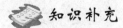**知识补充**

有道单词本还提供了单次复习模式，帮助用户巩固所学单词。单击"复习"按钮，打开复习模式的导向界面，然后根据提示进行复习。

（五）选项设置

使用有道词典时，可设置词典和热键等选项，以满足不同的需求。常用选项的设置方法如下所述。

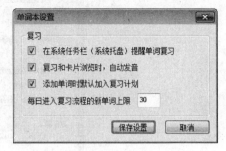

图 4-31　设置单词本

步骤1：启动有道词典，在窗口左下角单击"开始菜单"按钮，然后在打开的菜单中选择"设置"→"软件设置"菜单命令，如图 4-32 所示。

图 4-32　选择操作

步骤2：在打开的"软件设置"对话框中选择"基本设置"选项卡，然后在"启动"栏中取消选中"开机时自动启动"复选框，在"主窗口"栏中单击选中"主窗口总在最上面"复选框，如图 4-33 所示。

步骤3：选择"词典管理"选项卡，添加本地词典并进行管理，如图 4-34 所示。

步骤4：选择"内容设置"选项卡，对互译环境、其他和历史记录进行相关设置，如图 4-35 所示。

图 4-33　基本设置选项卡

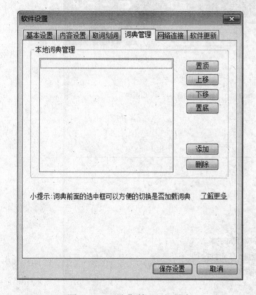

图 4-34　词典管理选项卡

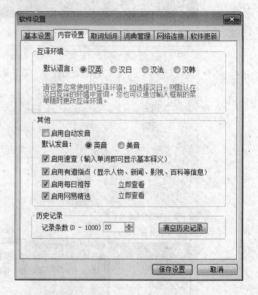

图 4-35　内容设置选项卡

 知识补充

　　单击"取词划词"选项卡，选中相应的复选框，开启或关闭取词划词功能，还可以设置取词范围及划词的相关选项。

实训 1　阅读 PDF 文档

【实训要求】

　　上网搜索"谍战上海滩"并下载，然后使用工具软件 Adobe Reader 9 阅读 PDF 文档"谍战上海滩"。

【实训思路】

本实训使用 Adobe Reader 阅读 PDF 文档。先启动 Adobe Reader 9 软件,再打开"谍战上海滩"PDF 文档,效果如图 4-36 所示。

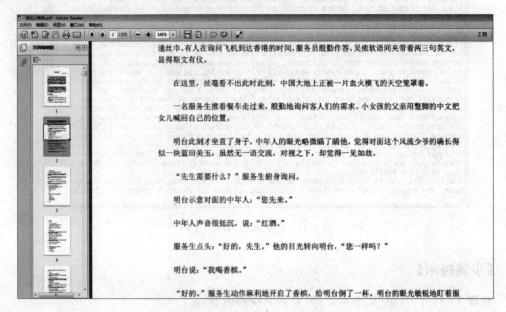

图 4-36 打开的 PDF 文档

【步骤提示】

步骤 1：启动 Adobe Reader 9 软件,在打开的主界面中选择"文件"→"打开"菜单命令。
步骤 2：在打开的"打开"对话框中选择文档。
步骤 3：单击"打开"按钮,开始阅读文档。

实训 2 练习英汉互译

【实训要求】

利用有道词典进行英汉互译,如果只查找某个单词的解释,使用屏幕取词功能;如果要翻译某段文字或全文,选择全文翻译功能。本实训使用有道词典翻译记事本文档"背影"。

【实训思路】

本实训利用有道词典即时翻译功能来操作。先在有道词典中输入需要翻译的文本,选择翻译语言后,开始翻译。译完后,可根据实际需要将翻译结果复制粘贴到其他地方。最后的效果如图 4-37 所示。

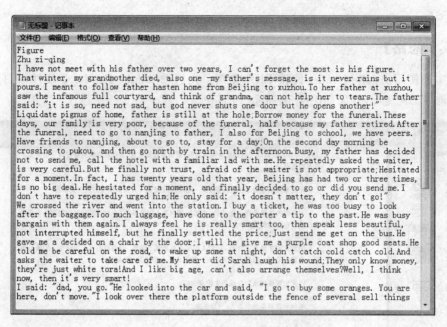

图 4-37　已翻译的"背影"文档

【步骤提示】

步骤 1：打开"背影"记事本文档，复制其全部内容。

步骤 2：启动有道词典，选择"翻译"选项卡，然后在原文框中粘贴"背影"的内容。

步骤 3：选择"汉→英"选项，再单击"自动翻译"按钮，完成翻译。

步骤 4：复制译文框中的内容，将其粘贴到另一个记事本文档中。

常见疑难解析

问：如何在 PDF 文档中快速查看注释和附件？

答：打开 PDF 文档，在 Adobe Reader 主界面的左侧列表框中单击"注释"和"附件"按钮，打开相应的文本窗口，不仅可以快速查看注释和附件的内容，还可以对注释和附件进行相关的设置。

问：在有道词典中能否阅读同步单词呢？

答：在有道词典中阅读同步单词，需要登录有道词典账号。若没有账号，在"有道单词本"窗口中单击"登录并阅读同步单词"按钮，然后在登录界面单击"注册"超链接，在打开的窗口中注册。

拓展知识

1. 在 Adobe Reader 9 阅读 PDF 文档时启动有道词典

若用户的计算机中已安装有道词典，使用 Adobe Reader 9 阅读 PDF 文档时，单击工具

栏 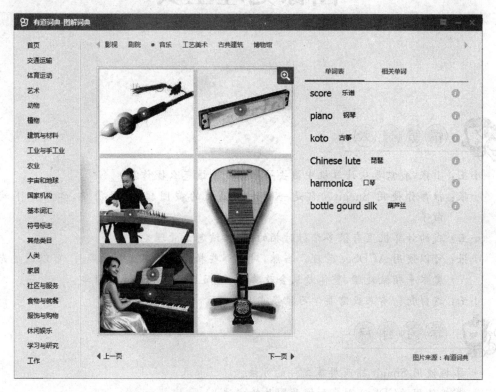 按钮,可以直接启动有道词典,开启屏幕取词与划词释义功能,在 PDF 文档中实现需要的翻译。

2. 有道词典的图解词典

在主界面的左下角单击"图解词典"按钮 ,打开"有道词典—图解词典"窗口,其右侧列出了很多图片分类。单击相应的选项,其右侧将显示相关的图片。单击选择感兴趣的图片,将弹出相应的图片示意和对应的单词。这种与图文结合的方式,让用户生动地学习单词。图 4-38 所示为"艺术"→"音乐 04"的效果。

图 4-38　图解词典中"艺术"→"音乐 04"的效果

课后练习

(1) 使用 Adobe Reader 9 阅读一篇 PDF 格式文档,并将该文档中的任意一张图片复制粘贴到 Word 文档中。

(2) 练习使用有道词典翻译一篇英文散文。

项目 5

图像处理工具

小王：小张，我需要从计算机中截去一张图片。该怎么操作?

小张：推荐你使用 Snagit。它是一款十分强大的截图软件，很简单，你用一下就明白了。

小王：我的计算机里有很多旅行时拍的照片，该怎么管理呢?

小张：可以使用 ACDSee 管理。当然，对于那些拍摄效果不太好的照片，可以通过光影魔术手稍做处理，整体效果会改善很多，而且操作起来比较简单。

小王：这样啊! 看来我需要学习很多东西。

- 掌握使用 Snagit 捕获屏幕文件的方法。
- 掌握使用 ACDSee 浏览和播放图片的方法。
- 掌握在 ACDSee 中编辑、管理和转换格式的方法。
- 掌握使用光影魔术手处理图片的基本操作方法。

- 能使用 Snagit 捕获屏幕文件。
- 能使用 ACDSee 快速浏览图片。
- 能使用光影魔术手编辑图片。

任务 1 使用 Snagit 截取图片

Snagit 是一款强大的截图软件，除了拥有一般的截图功能外，还可以捕捉文本和视频图像，然后保存为 BMP、PNG、TIF、GIF 或 JPEC 等图形格式，或使用其自带的编辑器编辑，也可以将其发送至打印机或 Windows 剪贴板。

一、任务目标

本任务将利用 Snagit 截图软件截取图片,主要练习使用自定义捕获模式截图、添加捕获模式文件、编辑捕获的屏幕图片等操作。通过本任务的学习,掌握使用 Snagit 软件截取图片的基本操作。

二、相关知识

启动汉化的 Snagit V10.10.0H 软件,打开操作主界面,如图 5-1 所示。

图 5-1　Snagit 的操作界面

Snagit 是一款优秀的截图软件,和其他捕捉屏幕软件相比,它有以下几个特点。

(1) 捕捉种类多:不仅可以捕捉静止图像,还可以获动态图像和声音,也可以在选中的范围内只捕获文本。

(2) 捕捉范围灵活:可以选择整个屏幕,以及某个静止或活动窗口,也可以随意选择捕捉的内容。

(3) 输出类型多:可以文件形式输出,也可直接通过 E-mail 发送给朋友,还可以编辑成册。

(4) 简单的图形处理功能:利用过滤功能,可以简单处理图形颜色,也可以放大或缩小图形。

三、任务实施

(一) 使用自定义捕获模式截图

Snagit 10 提供了几种预设的捕捉方案,如统一捕捉、全屏和延时菜单等。统一捕捉图像的操作如下所述。

步骤 1:双击桌面上的快捷图标,启动 Snagit 10,进入操作界面,在其右侧的"捕捉"栏下选择一种预设的捕捉方案。这里选择"统一捕捉",然后单击"捕捉"按钮。

步骤 2:此时出现一个黄色边框和一个"十"字形的黄色线条。其中,黄色边框用来捕捉窗口,"十"字形黄色线条用来选择区域。这里将黄色边框移至文件列表区。

步骤 3:确认捕捉图像后,单击,将自动打开"Snagit 编辑器-(捕捉库)"预览窗口,并在"绘图"选项卡中显示已捕捉的图像,如图 5-2 所示。单击"剪贴板"组中的"复制"按钮,将图像复制到 Word 文档中。

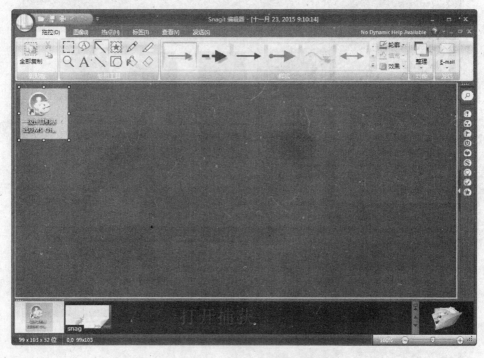

图 5-2 "Snagit 编辑器-(捕捉库)"预览窗口

(二) 添加捕获模式文件

当预设方案无法满足实际需求,或操作比较复杂时,用户可添加捕获配置文件并设置相应的快捷键。利用向导添加一个"窗口-剪贴板"的配置文件的操作如下所述。

步骤 1:启动 Snagit 软件,进入操作界面。单击"预设方案"栏右侧的"使用向导创建方案"按钮,打开"新添加方案向导"对话框。单击"图像捕获"按钮,再单击"下一步"按钮,如图 5-3 所示。

步骤 2:在打开的对话框中,单击"输入"下方的按钮,然后在弹出的下拉列表框中选择捕捉内容。这里选择"窗口"选项,然后单击"下一步"按钮,如图 5-4 所示。

图 5-3 选择捕获模式

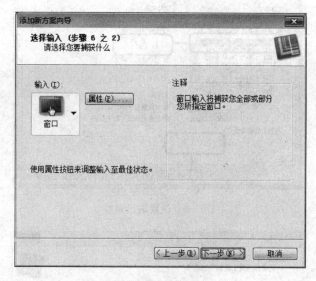

图 5-4 选择捕获内容

步骤 3：打开"选择输出"对话框，在下拉列表框中选择"剪贴板"选项，然后单击"属性"按钮，如图 5-5 所示。

步骤 4：打开"输出属性"对话框，在"文件格式"栏中选中"总是使用以下文件格式"单选项，并在其下的列表框中选择 JPG，然后单击"确定"按钮，如图 5-6 所示。

步骤 5：返回"选择输出"对话框，单击"下一步"按钮，在打开的"选择选项"对话框中单击"在编辑器中预览"按钮，然后单击"下一步"按钮，如图 5-7 所示。

步骤 6：在打开的对话框中选择要应用的效果，如撕裂边缘效果、阴影效果和缩放效果等。这里保持默认设置，然后单击"下一步"按钮。

步骤 7：打开"保存新方案"对话框，单击"热键"栏中的下拉按钮，在弹出的下拉列表框中选择 F9，然后单击"完成"按钮，完成添加新捕获方案，如图 5-8 所示。

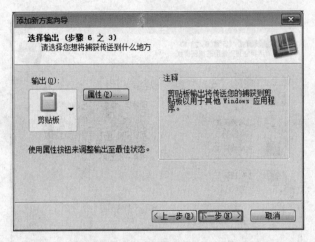

图 5-5　选择输出格式

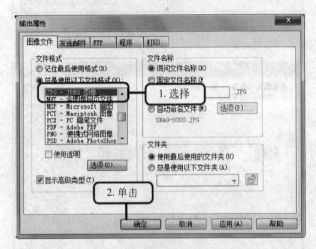

图 5-6　设置输出属性

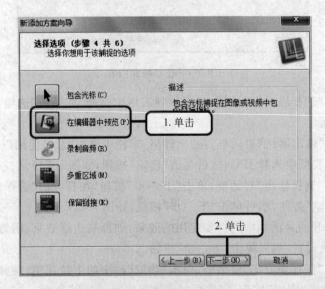

图 5-7　选择输出格式

图 5-8　设置热键

（三）编辑捕获的屏幕图片

选择在"Snagit 编辑器"预览窗口的"图像"选项卡，可对图像进行一些常用的编辑操作。编辑捕获的屏幕图片的大小并设置模糊度的操作如下所述。

步骤 1：捕获图片后，打开"Snagit 编辑器"预览窗口，在"图像"→"画布"组中单击"调整大小"按钮，打开"调整图像大小"对话框。

步骤 2：在"缩放"栏中单击选中"按百分比设置缩放"单选项，然后在"宽度"和"高度"数值框中分别输出 60，再单击"关闭"按钮，如图 5-9 所示，将图像缩小到原图的 60％。

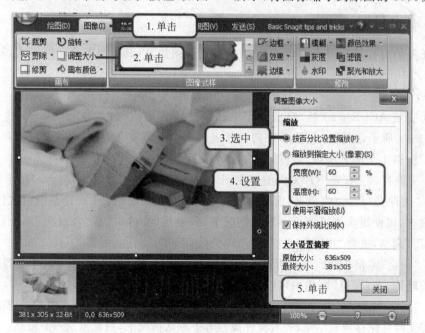

图 5-9　调整图像大小

步骤 3：在"修改"组中单击 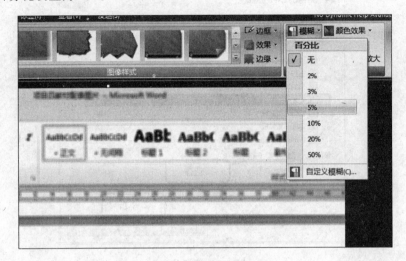 模糊 按钮，在下拉列表框中选择 5%，如图 5-10 所示，将图像的模糊百分比设置为 5%。

图 5-10　设置图像的模糊度

任务 2　使用 ACDSee 管理图像文件

　　ACDSee 是目前非常流行的数字图像软件，支持丰富的图形格式，具有强大的图形文件管理功能，广泛应用于图片的浏览和编辑等方面。它主要有两大特点：一是支持性强，能打开 ICO、PNG、XBM 等 20 余种图像格式，并能高品质地显示图像；二是快，与其他同类软件相比，ACDSee 打开图像文件的速度更快。

一、任务目标

　　本任务的目标是使用 ACDSee 15 编辑和管理图片，以及转换图片文件格式。

二、相关知识

　　成功安装 ACDSee 15 后，双击桌面上的快捷方式图标，启动 ACDSee 15，进入操作界面，如图 5-11 所示，主要由文件列表、"文件夹/日历/收藏夹"窗格、"预览"窗格和"属性/整理/搜索"窗格 4 个部分组成。各部分的含义如下所述。

　　(1) 文件列表：查看图片文件的缩略图，还可以对图片进行过滤、组合和排序等设置。

　　(2) "文件夹/日历/收藏夹"窗格：通过该窗格，可以按文件夹或日期浏览文件，也可以创建收藏夹，以便提高浏览速度。默认情况下，只显示"文件夹"和"收藏夹"两个窗格，若需显示"日历"窗格，选择"视图"→"日历"菜单命令。

　　(3) "预览"窗格：显示当前所选图片文件的放大效果。若在文件列表中选择某个图片文件的缩略图，在"预览"窗格中可查看图片的放大效果。

　　(4) "属性/整理/搜索"窗格：通过该窗格，可以指定文件的类别和评级，按名称和关键字搜索所需文件并保存搜索结果，查看文件属性等。默认情况下，只显示"整理"窗格。

图 5-11　ACDSee 操作界面

三、任务实施

（一）浏览和播放图片

使用 ACDSee 15 可快速浏览计算机中的图片文件。下面使用该软件浏览计算机中"F:\图片\建筑类"目录下的图片内容，并播放图片，具体操作如下所述。

步骤 1：选择"开始"→"所有程序"→ACDSee systems→ACDSee 15 菜单命令，启动 ACDSee 15。

步骤 2：在"文件夹"窗格中选择"计算机"，然后依次单击"展开"按钮，展开相应的目录。在展开的子文件夹中选择"建筑类"，在文件列表上方将显示其所在的路径。

步骤 3：在文件列表中选择需要浏览的图片文件，在"浏览"窗格中将显示该图片的放大效果，如图 5-12 所示。拖动列表中的垂直滚动条，可查看文件列表中隐藏的图片文件。

图 5-12　查看单个图片文件

步骤 4：若已打开的文件夹下包含子文件夹，并且包含需查看的图片文件，可直接双击该文件夹打开并浏览其中的图片。同时，可在文件列表中单击"查看"按钮，然后在弹出的下拉列表框中选择图片文件的显示模式，如图 5-13 所示。这里选择"平铺"选项。

图 5-13　选择图片文件的显示模式

步骤 5：在文件列表中双击需要放大浏览的图片缩略图，将切换至图片查看窗口，浏览所选图片的详细内容，如图 5-14 所示。

图 5-14　浏览图片详细信息

步骤 6：通过图片查看窗口，可以调整所选图片文件的显示大小。单击工具栏"缩放"按钮，然后在图片上单击，可放大图像；右击，可缩小图像。

步骤7：通过图片查看窗口，还可以快速地在不同的图片文件之间切换。单击"滚动工具"按钮，然后在图片上滚动鼠标滚珠，可切换浏览图像。

步骤8：在查看窗口中，单击工具栏"全屏幕"按钮或按 F 键，可自动切换图片进行浏览，其效果类似于放映幻灯片。再次单击"全屏幕"按钮，退出图片文件的自动切换状态。

步骤9：单击工具栏中的"向左旋转"按钮或"向右旋转"按钮，可以从上、下、左、右4个方向旋转图片。图 5-15 所示为图片向左旋转2次后的效果。

图 5-15　旋转图片

步骤10：图片浏览完毕，直接按 Enter 键，返回 ACDSee 15 浏览窗口。

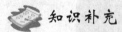 **知识补充**

通过图片缩略图右上角的图标，可以判断该图片的文件格式。本例中的图片是 JPG 格式。

（二）编辑图片

在 ACDSee 中，除了浏览图片外，还可以对图片进行简单的编辑，如调整颜色、裁截、相片修复、添加文本等。下面将调整图像颜色，并为图片添加边框，具体操作如下所述。

步骤1：在"文件夹"窗格中选择需编辑的图片所在的文件夹，在文件列表中选择需编辑的图片，然后单击菜单栏右侧的"编辑"按钮，如图 5-16 所示，进入图片编辑窗口。

步骤2：图片编辑窗口左侧的"调整"列表框中显示了许多编辑栏，根据需要，在其中设置参数。这里单击"颜色"栏中的"色彩平衡"超链接，如图 5-17 所示。

步骤3：打开图 5-18 所示的窗口，设置图片的饱和度、色调和亮度等参数。这里在"饱和度"数据框中输入35，然后单击"编辑工具"列表框底部的"完成"按钮。

图 5-16　选择图片

图 5-17　选择操作

步骤 4：返回"调整"列表框，单击"添加"栏中的"边框"超链接，如图 5-19 所示。

步骤 5：打开"编辑工具/边框"列表框，在"边框"栏中选中"纹理"单选项，图像中将自动添加默认的纹理样式。若要更改纹理样式，单击 ▁▁▁＞▁▁ 或 ▁ 按钮，在弹出的纹理更改列表框中选择，如图 5-20 所示。

步骤 6：再次返回"编辑工具"列表框，单击"完成"按钮，打开"保持更改"对话框。单击"保存"按钮，保存编辑的图片后退出图片编辑状态。

图 5-18 设置饱和度

图 5-19 设置边框

（三）管理图片

管理图片也是 ACDSee 软件的重要功能之一，主要包括移动、复制、删除、重命名等。移动图片的操作如下所述。

步骤 1： 在文件列表框中选择需要移动的图片。这里选择 20151028_075456.jpg，然后选择"编辑"→"移动到文件夹"菜单命令，如图 5-21 所示。

步骤 2： 打开"移动到文件夹"对话框。在"文件夹"选项卡中选择"E:\helen\pic2"文件夹，然后单击"创建文件夹"按钮创建并命名新的文件夹，最后单击"确定"按钮，如图 5-22 所示。

图 5-20　设置纹理样式

图 5-21　选择需要移动的图片

（四）转换图片文件格式

图片文件的格式有多种，如 JPG、GIF、TIFF 等。一般情况下，工具软件只能打开所支持的文件格式，必要时可利用 ACDSee 转换文件格式。把 JPG 图片转换为 TIFF 格式的操作如下所述。

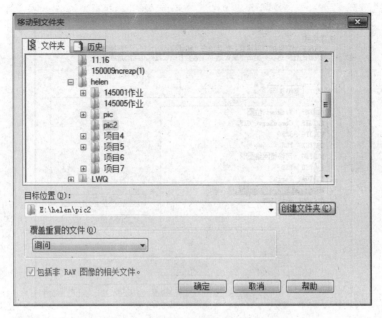

图 5-22　设置图片移动后的保存位置

步骤 1：在文件列表中选择需要转换格式的图片。可以同时选择多张图片。这里同时选择 3 张不连续的图片进行切换，然后选择"工具"→"批量"→"转换文件格式"菜单命令，如图 5-23 所示。

图 5-23　选择需要转换的图片

步骤 2：打开"批量转换文件格式"对话框，在"格式"选项卡的列表框中选择转换后的文件格式。这里选择 TIFF，然后单击"下一步"按钮，如图 5-24 所示。

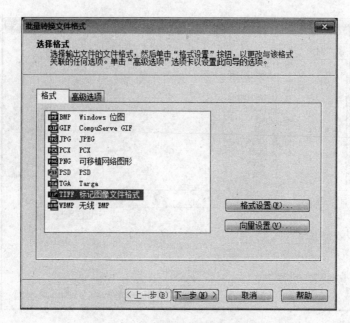

图 5-24　设置转换后的图片格式

　　步骤 3：在"打开"对话框的"目标位置"栏中选择转换后的图片文件保存的目标文件夹。这里单击选中"将修改后的图像放入以下文件夹"，并在其下的下拉列表框中输入保存路径 e:\helen\Pictures，然后单击"下一步"按钮，如图 5-25 所示。

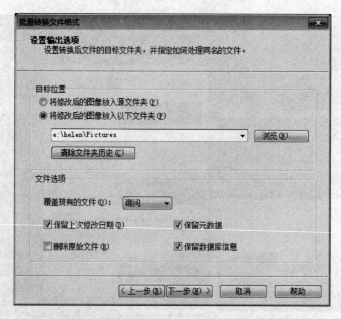

图 5-25　设置转换后文件的保存位置

　　步骤 4：打开如图 5-26 所示对话框。保持默认设置不变，单击"开始转换"按钮。

　　步骤 5：在打开的"正在转换"对话框中显示所选图片文件的转换进度。完成转换后，单击"完成"按钮。

图 5-26　开始转换

任务3　使用光影魔术手处理照片

光影魔术手是一款专门用于改善数码照片画质和进行效果处理的工具软件,它能够满足大多数照片的后期处理要求。通过它,许多照片的设置不需要使用任何专业的图像技术,只需一两步即可创作出专业的图像效果。

一、任务目标

本任务的目标是掌握图片的基本处理方法,以及为图片设置边框、为图片添加艺术化效果、为图片添加文字标签和水印、批量处理图片等操作方法。通过本任务的学习,掌握使用光影魔术手的基本操作。

二、相关知识

光影魔术手能够满足大多数照片的后期处理要求,同时具有简单、易用、免费等特点。下面简单介绍其特色功能。

(1)强大的调图参数:光影魔术手拥有自动曝光、数码补光、白平衡、亮度对比图、饱和度、色阶、曲线、色彩平衡等一系列非常丰富的调图参数。

(2)数码暗房特效:光影魔术手拥有丰富的数码暗房特效,如 LOMO 风格、局部上色、背景虚化、黑白效果、褪色旧相等;通过反转片效果,可得到专业的胶片效果。

(3)海量边框素材:除软件自带的边框外,光影魔术手还可在线下载边框,并为照片加上各种精美的边框,制作个性化相册。

(4)随心所欲地拼图:光影魔术手拥有自由拼图、模板拼图、图片拼接三大板块,提供多种拼图模板和照片边框。

（5）文字和水印功能：光影魔术手拥有便捷的文字和水印功能。文字水印可随意拖动，做出横排、竖排、发光、描边、阴影、背景等效果。

三、任务实施

（一）图像调整

与其他图像软件一样，光影魔术手也有基本的图形调整功能，如自由旋转、缩放、剪裁、模糊与锐化、反色等。对图片进行基本图像调整的操作如下所述。

步骤 1：获取光影魔术手的安装程序，并将其安装到计算机中，然后选择"开始"→"所有程序"→"光影魔术手 4"→"光影魔术手 4"菜单命令，启动该软件，并进入操作界面。

步骤 2：单击工具栏"打开"按钮，打开"打开"对话框。在"查找范围"下拉列表框中选择"pic"文件夹，选择图片后，单击"打开"按钮，如图 5-27 所示。

图 5-27　打开图片素材

步骤 3：光影魔术手主界面中将显示该图片。分别单击"上一步"和"下一步"按钮，浏览"pic"文件夹中的所有图片。

步骤 4：如果要调整图像尺寸，单击工具栏"尺寸"右侧的按钮，在下拉列表中选择图 5-28所示选项，设置图片尺寸。

步骤 5：在光影魔术手中，完成图片的基本处理后，需单击工具栏"保存"按钮，将当前效果保存到原文件后，才能继续查看下一张图片。如果不更改原图片文件，单击"另存"按钮，在打开的"另存为"对话框中选择图片文件的保存位置。

步骤 6：如果要裁剪该图片，单击工具栏"裁剪"按钮，打开"裁剪"画板，图像中将出现裁剪控制框。通过拖动鼠标调整，或通过设置"裁剪"画板中的参数来调整，如图 5-29 所示。确认裁剪效果后，依次单击"确定"按钮。

图 5-28　设置图片尺寸

图 5-29　图片裁剪

步骤 7：在工具栏单击"旋转"右侧的按钮，在下拉列表框中选择旋转方式。这里选择"左右镜像"，如图 5-30 所示。旋转后的效果如图 5-31 所示。

图 5-30　图片旋转

图 5-31　查看效果

步骤 8：在右侧面板中选择"色阶"选项，展开"色阶"面板。在"通道"下拉列表框中选择需要调整的选项，然后将鼠标指针定位到对话框下方的图标上。按住鼠标左键拖动，调整图像色阶，如图 5-32 所示。

（二）解决数码相机的曝光问题

使用数码相机拍照时，经常会由于天气、光线、技术等，使拍摄的照片存在曝光不足或曝光过度等问题。下面将对图片处理部分区域曝光不足的问题，具体操作如下所述。

步骤1：打开图片，在右侧面板中选择"数码补光"选项，展开"数码补光"面板，调整"补光亮度""范围选择""强力追补"的值，如图5-33所示。

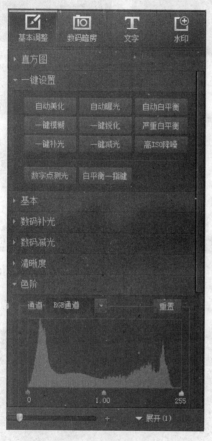

图 5-32 调整色阶

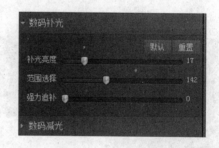

图 5-33 设置补光

步骤2：调整图像色阶，效果如图5-34所示。

步骤3：单击工具栏"保存"按钮，弹出"保存提示"对话框。单击"确定"按钮，即可覆盖保存过的文件。

（三）添加艺术化效果

在光影魔术手中，还可以快速地为照片添加艺术效果。为图5-34所示图片添加"LOMO风格"效果，具体操作如下所述。

步骤1：在工具栏右侧单击 ![img] 按钮，打开"数码暗房"面板，在"全部"选项卡中选择"LOMO风格"，如图5-35所示。

步骤2：在"LOMO风格"面板中设置相关参数，如图5-36所示。单击"确定"按钮，应用设置，在图片显示区显示调整后的效果。

图 5-34　查看效果

图 5-35　选择"LOMO 风格"

图 5-36　设置"LOMO 风格"艺术效果

（四）添加文字标签和图片水印

若要将摄影作品发布到网上，可为作品添加文字标签或图片水印，使其更具特色，且起到保护作用。为照片添加文字标签和图片水印的操作如下所述。

步骤1：在工具栏右侧单击"文字"按钮，打开"文字"面板。在文本框中输入"清晨的奥体公园"，如图 5-37 所示。

步骤2：单击文本框右侧的"插入"按钮，在弹出的下拉列表中选择相机厂商、相机型号、拍摄日期等特殊文本。这里选择"拍摄日期"，如图 5-38 所示。

步骤3：在其下对应的位置设置字体、字形、大小、效果和颜色等。这里将字体样式设置为"华文行楷、76、草绿、透明度70%"，如图 5-39 所示。

步骤4：将鼠标光标移至图片显示区的文本框上方，然后单击选择该文本框。当鼠标指针变为 ✛ 形状时，按住鼠标左键向下拖动，将文本框移至图片正下方的适当位置后松开按键，效果如图 5-40 所示。

图 5-37　输入文本

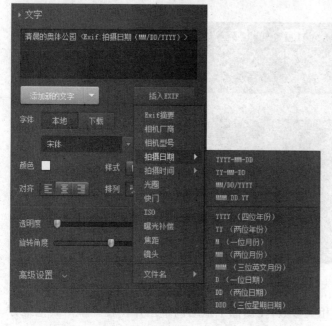

图 5-38　插入拍摄日期

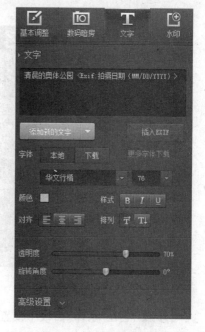

图 5-39　设置文本格式

步骤5：单击"水印"按钮，打开"水印"面板，然后单击"添加水印"按钮，如图 5-41 所示。

步骤6：在打开的"打开"对话框中选择作为水印的图像。这里选择另一张图片，然后单击"打开"按钮，如图 5-42 所示。

图 5-40　调整文本框位置

图 5-41　添加水印

步骤 7：在"水印"面板中设置相关参数，在图像中拖动调整图片位置。单击其他地方，应用水印效果，如图 5-43 所示。

(五) 设置边框

在光影魔术手中还可为照片添加边框，包括轻松边框、花样边框、撕边边框等样式。为图片设置撕边边框的操作如下所述。

图 5-42 选择图片

图 5-43 应用水印

步骤 1：在工具栏单击"边框"按钮，在打开的下拉列表框中选择"撕边边框"，如图 5-44 所示。

步骤 2：页面跳转至"撕边边框"界面。在右侧的"推荐素材"选项卡中选择如图 5-45 所示选项，其他保持默认状态，然后单击"确定"按钮，光影魔术手将自动下载并应用该边框样式。

图 5-44　选择边框

图 5-45　选择边框素材

（六）拼图

在光影魔术手中还可以快速地将多张图片拼合成一张，具体操作如下所述。

步骤 1：在工具箱中单击"拼图" 拼图 按钮，打开"拼图"面板。选择"模板拼图"选项，将自动跳至"模板拼图"界面。在其右侧选择一种模板样式后，单击"确定"按钮，如图 5-46 所示。

步骤 2：打开"打开"对话框，按住 Shift 键的同时，选择两张图。单击"打开"按钮，如图 5-47 所示，添加图片素材。

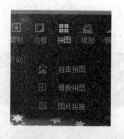

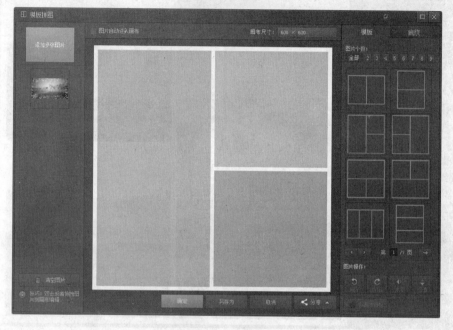

图 5-46　设置拼图

图 5-47　添加素材

步骤 3：返回"模板拼图"界面，依次将面板上方的图片拖动到图中对应的格子中。完成后，单击"确定"按钮，如图 5-48 所示，应用设置。

图 5-48　利用模板拼图

步骤 4：返回光影魔术手操作界面，单击工具栏"保存"按钮，保存效果文件，然后单击标题栏"关闭"按钮，退出程序。

（七）批处理图片

光影魔术手还提供了批处理图片的功能，以提高处理效率，具体操作如下所述。

步骤 1：启动光影魔术手，单击工具栏中的 ■ 按钮，在打开的下拉列表中选择"批处理"，如图 5-49 所示。

步骤 2：打开"批处理"对话框，单击"添加"按钮，如图 5-50 所示。

步骤 3：打开"打开"对话框，选择需要批处理的图片。这里选择 3 张图片，然后单击"打开"按钮，如图 5-51 所示。

步骤 4：返回"批处理"对话框，单击"下一步"按钮，如图 5-52 所示。

步骤 5：在弹出的对话框中单击 ■ 添加边框 按钮，打开"添加边框"

图 5-49　选择操作

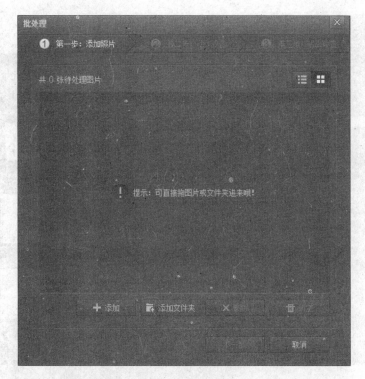

图 5-50　添加图片

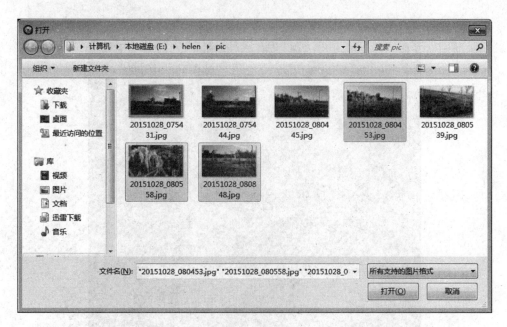

图 5-51　选择图片

预览框。选择"中白边框"选项,然后单击"确定"按钮,如图 5-53 所示。

　　步骤 6:返回"批处理"对话框,单击"下一步"按钮,在打开的对话框中设置批处理后的格式和文件位置等,如图 5-54 所示,然后单击"开始批处理"按钮,如图 5-55 所示。

图 5-52　确认图片

图 5-53　选择边框样式

图 5-54　输出设置

图 5-55　完成批处理

步骤 7：批量处理完成后弹出"批处理"对话框。单击"完成"按钮，再单击标题栏中的按钮，退出程序。

实训 1　屏幕截图并浏览

【实训要求】

本实训要求使用 Snagit 工具软件中自定义的捕获方案，从网上截取所需图片，并将所有获取的图片保存在"风景"文件夹中，然后利用 ACDSee 工具软件浏览捕获的图片文件。

【实训思路】

在操作过程中需要注意，自定义捕获方案时，要正确设置图像的输出属性，即在"文件格式"中，要选择 ACDSee 软件支持的图片格式；在"文件夹"栏中，要正确选择图像的保存路径，或直接在"图像文件"选项卡的下拉列表文本框中输入图片文件的保存路径。通过本实训，巩固捕获图片、保存图片及浏览图片的操作方法。

【步骤提示】

步骤 1：启动 Snagit 工具软件，自定义"统一捕获-剪贴板"方案。
步骤 2：打开所需网页，利用自定义热键捕获图片。
步骤 3：启动 ACDSee 工具软件，在"文件夹"窗格中选择"风景"文件夹。
步骤 4：在文件列表中双击任意一张图片，进入图片浏览模式。
步骤 5：通过工具栏"上一个""下一个"或"自动播放"按钮浏览图片。

实训 2　处理并制作艺术照

【实训要求】

本实训要求使用光影魔术手工具软件处理计算机中保存的照片，主要包括调节照片曝光度、为照片添加文本和为照片添加艺术效果等。通过本实训，进一步巩固图片处理的基本知识。

【实训思路】

根据本实训的操作思路,尝试处理计算机中保存的图像文件。

【步骤提示】

步骤1:启动光影魔术手,打开需要处理的照片。

步骤2:分别将照片亮度、对比度设置为5、-22。

步骤3:调节照片的清晰度为100,并对照片暗部进行补光处理。

步骤4:为照片添加撕边边框。

步骤5:利用数码暗房,为照片添加"浮雕画"效果。

步骤6:保存当前效果。

常见疑难解析

问:为什么我用的 Snagit 是英文版?

答:Snagit 是一款英文软件,如果使用不便,可下载其汉化包。启动 Snagit 后,默认界面为"捕获"选项卡,"编辑"和"管理"选项卡主要用于编辑和管理图片。

问:在 ACDSee 中浏览图片时,可以将满意的图片设置为计算机桌面吗? 如果可以,如何操作?

答:在使用 ACDSee 浏览图片的过程中,可随时将自己喜欢的图片设置为桌面墙纸,操作方法为:在图片浏览或显示窗口中右击需要设置为墙纸的图片,在弹出的快捷菜单中选择"设置壁纸"命令,然后根据需要,在列表框中选择需要的选项,如居中、平铺、拉伸等。

扩展知识

会声会影与 Snagit 一样,同属图像处理软件,主要用于处理图像信息。彩影是国内实用的大众软件,它比较专业,且功能强大、品质高、速度快、简单易学。下面针对其特点进行简单介绍。

(1)独创的数字图像处理引擎技术:彩影利用其独有的 Perfectimage 数学图像处理引擎和 Fasterimage 数字图像引擎,使其图像处理质量、还原能力、高速图像处理能力比一般的图像处理软件高很多。

(2)人性化设计:专门打造的 HumanUI 组件界面技术和 onePanel 界面技术颠覆了传统的软件界面,在各个细节都给用户带来全新的人性化交互体验,让操作不必像传统方式那样在众多弹出窗口中切换和设置。

(3)多图像窗口并发处理:与传统图像软件不同的是,它不用频繁切换图片来分别处理,而是提供更方便且更专业的多图像窗口并发编辑功能。

(4)最人性化的专业抠图技术:不用像传统软件那样,为了抠图而执行烦琐的抠图、保存、再加载叠加等操作步骤,只需在多图像窗口间任意拖放鼠标,即可瞬间达成专业抠图效果。

（5）各种相框、场景叠加效果：倾力打造数量庞大的高品质精品素材库，可添加相框和叠加场景，操作起来十分便捷。

（6）艺术合成照、蒙版照、强大抠图合成制作：允许将不同窗口的数码相片通过各种蒙版或抠图工具进行艺术合成，还允许制作纯粹的蒙版照片。

（7）数码暗房效果和调整、修复功能：拥有多种专业数码暗房效果以及图像修复功能，还支持透明度保留运算。

（8）趣味装饰物叠加功能：软件自带众多风格的装饰小图片，允许将装饰图片直接拖放到数码相片上。

课后练习

（1）使用 Snagit"预设方案"栏中的"统一捕获"选项捕获 3 张网络图片。

（2）自定义名为"窗口-文件"的捕获方案，将其热键设置为 F6，保存位置为"F:\图片"。

（3）练习使用 ACDSee 浏览计算机中的图片文件。在浏览过程中，对不满意的图片进行裁剪、颜色调整操作，然后另存。

（4）在光影魔术手中为图片添加花样边框。边框样式在"简洁"选项卡中选择。

项目 6

音视频工具

 情景导入

小张：小王，公司最近在谈一个项目，需要一份关于公司简介的音频文件。制作音频的任务就交给你了。

小王：制作音频？该怎么做呢？

小张：你可以先写一个剧本，然后根据剧本内容在 GoldWave 中录制，再适当编辑。

小王：听起来好有意思！没想到还有可以录音和编辑音频的软件。以后可以利用它来录制和编辑各种声音文件了。

小张：告诉你一个更有意思的软件——会声会影，可以用来制作简单的视频，并刻录光盘。

小王：那我得去学习学习，以后肯定能用上。

小张：小王，午休时间还要工作吗？别忙了，适当休息有助于更好地工作。

小王：我在听歌，顺便记下歌词。

小张：都什么年代了，还用手写歌词！你用什么软件听歌？

小王：系统自带的播放器。

小张：我给你推荐酷狗音乐盒。它是一款不错的音乐播放器，支持在线播放、下载音乐、自动查找歌词等功能。我想你应该会喜欢。

小王：原来还有这么好用的播放器！可以在线播放，就不需要占用那么多计算机内存了！我去下载试试。

小张：好，去忙吧！

 学习目标

- 掌握用 GoldWave 录制和编辑音频文件的方法。
- 熟悉用会声会影编辑视频。
- 熟悉用格式工厂软件转换音频和视频格式的方法。

- 掌握用酷狗音乐和暴风影音播放本地音乐和电影的方法。
- 掌握用酷狗音乐和暴风影音在网络中在线听音乐和看视频的方法。
- 熟悉使用酷狗音乐中的自定义播放列表的方法。
- 了解 PPTV 网络电视软件的使用方法。

- 能自行录制音频文件,并添加特殊声音效果。
- 能捕获并制作电影。
- 能在不同的音频和视频文件格式间转换。
- 能播放各种主流格式的音频和视频文件。
- 能进行网络点播操作。
- 能在线观看网络电视节目。

任务 1 使用 GoldWave 编辑音频

GoldWave 音频工具软件具有声音编辑、播放、录制、转换功能。它可以打开多种格式的音频文件,还可以完成丰富的音频特效处理,提高音质效果,满足不同需求。下面以 GoldWave 5.67 汉化版为例,详细介绍其使用方法。

一、任务目标

本任务的目标是利用 GoldWave 软件录制一个音频文件;然后剪辑音频,改善音量,清除人声,添加特殊声音等;最后,合并并导出音频文件。

二、相关知识

启动 GoldWave 5.67 汉化版,其操作主界面如图 6-1 所示。

GoldWave 是一款功能强大且操作简单的音频编辑和录制软件。它主要具有以下几个特点。

(1)直观、可设置的用户界面:使操作更简单、便利。

(2)同时打开多个声音文件:简化了文件之间的操作,但同一时刻只能有一个文件被编辑或播放。

(3)允许使用多种声音效果:包括倒转、回音、摇动、边缘、动态等声音效果。

(4)简单的图形处理功能:利用过滤功能,可简单处理图形颜色,也可以放大或缩小图形。

(5)提供精密的过滤器:包括降噪器、突变过滤器等,帮助修复声音文件。

(6)批转换命令:能够将一组相同格式的文件转换为不同格式的文件,将立体声转换为单声道,将 8 位声音转换为 16 位声音,以及实现它所支持文件类型其他属性的组合。

(7)CD 音乐提取工具:能够将 CD 音乐抓取为一个音乐文件,并且以 MP3 格式保存。

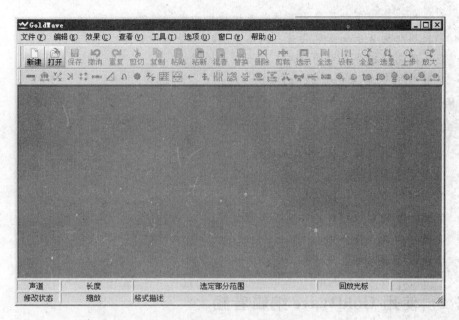

图 6-1　GoldWave 操作界面 1

（8）特有的表达式求值程序：在理论上，它可以制造任何声音，其内置表达式有如电话拨号等多种声波、波形、效果等。

三、任务实施

（一）打开、新建和保存音频文件

录制音频是 GoldWave 的常用功能之一。下面启动 GoldWave 软件，打开计算机中的素材音频文件，然后录制一个音频文件，并保存为"录音 1. wav"，具体操作如下所述。

步骤 1：安装 GoldWave 后，选择"开始"→"所有程序"→GoldWave 菜单命令，启动 GoldWave。

步骤 2：进入软件操作界面，选择"文件"→"打开"菜单命令，打开"打开声音文件"对话框，然后选择计算机中的任意音频文件。

步骤 3：单击"打开"按钮，GoldWave 的操作界面如图 6-2 所示。

步骤 4：选择"文件"→"新建"菜单命令，或者单击工具栏"新建"按钮，打开"新建声音"对话框，根据需要设置声音采样速率和持续长度。这里在"预置"下拉列表框中选择"CD 音质，5 分钟"，如图 6-3 所示。

步骤 5：单击"确定"按钮，生成一个空的音频文件，如图 6-4 所示。

步骤 6：确认计算机与麦克风相连，然后单击控制栏"在当前选区内开始录制"按钮，开始录制声音。此时，编辑显示窗口将显示一些波形，表示录制成功。

步骤 7：录制结束后，单击控制器栏"录制结束"按钮。然后，选择"文件"→"保存"菜单命令或单击工具栏"保存"按钮，打开"保存声音为"对话框。

步骤 8：选择音频文件保存位置，设置音频文件名为"录音 1"，在"保存类型"下拉列表框选择 Wave(* . wav)格式，然后单击"保存"按钮，如图 6-5 所示。

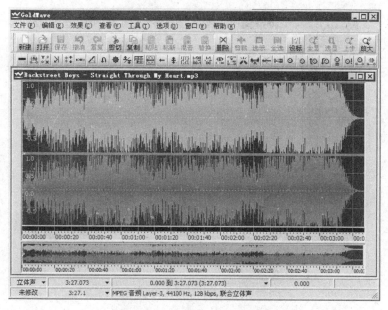

图 6-2 GoldWave 操作界面 2

图 6-3 设置参数

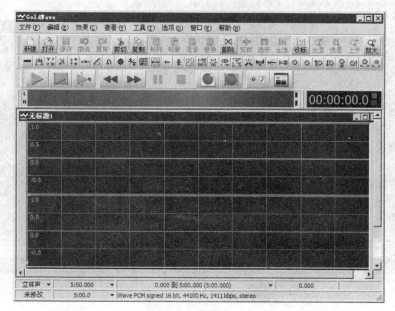

图 6-4 新建的音频文件

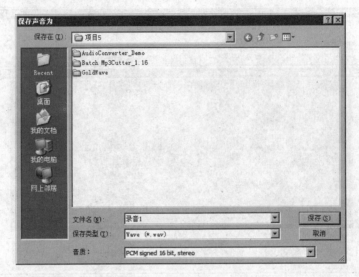

图 6-5　保存音频文件

（二）剪裁音频文件

音频文件录制完成，根据需要，可对其进行剪裁处理，删除不需要的部分。采用该方法，也可以提取已有音频文件中的部分音频。下面将对前面录制好的音频文件"录音 1. wav"进行剪裁处理，具体操作如下所述。

步骤 1：在编辑显示窗口中按住鼠标左键拖动，选取需要保留的音频波形部分。选取的音频波形将以蓝底高亮显示，未选中部分以黑底显示，如图 6-6 所示。

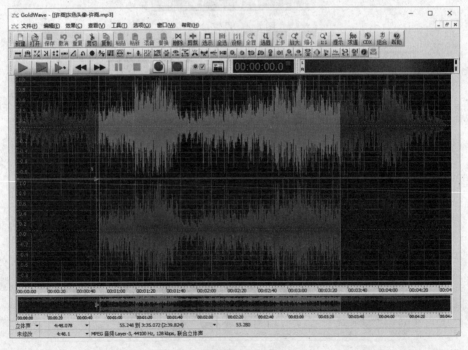

图 6-6　选择要保留的音频文件

步骤 2：单击控制器栏"播放"按钮，将只播放选取部分的音频。通过这一过程，可以确认要保留的音频部分。若不合适，可重新选择。

步骤 3：选择需要保留的音频波形后，单击工具栏"裁剪"按钮，将不需要的部分删除，只保留选取的音频波形。

步骤 4：用同样的方法继续裁剪音频。完成后，保存音频文件。

（三）更改音量

更改音量包括调整音频音量大小，以及设置淡入或淡出音量效果等。下面更改前面录制的音频文件"录音1.wav"的音量，包括选择开始的一小段，增大其音量，再为其添加淡入效果，具体操作如下所述。

步骤 1：在编辑显示窗口中拖动，选取开始的一小段音频部分，然后选择"效果"→"音量"→"更改音量"菜单命令，打开"更改音量"对话框。

步骤 2：在右上角的文本框中输入或选择一个数值。正数表示增大音量，负数表示减小音量。这里设为"两倍"，然后单击右侧的"播放" ▶ 按钮，进行试听，如图6-7所示。

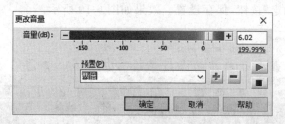

图 6-7 增大音量

步骤 3：单击"确定"按钮，关闭对话框并使设置生效。在编辑窗口中看到，音频波形的幅度增大，如图6-8所示。

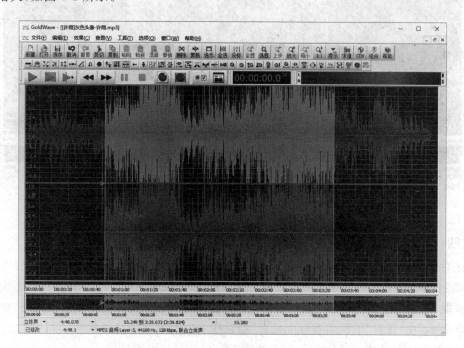

图 6-8 查看效果 1

步骤 4：在编辑显示窗口选取开始的一小段音频部分，然后选择"效果"→"音量"→"淡入"菜单命令，打开"淡入"对话框。

步骤 5：在"预置"下拉列表框中选择"50％到完全音量，直线型"选项，然后单击右侧的"播放" 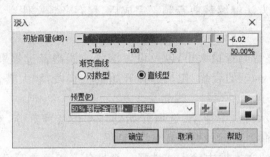 按钮进行试听，如图 6-9 所示。

图 6-9　设置淡入效果

步骤 6：单击"确定"按钮，保存设置。效果如图 6-10 所示。

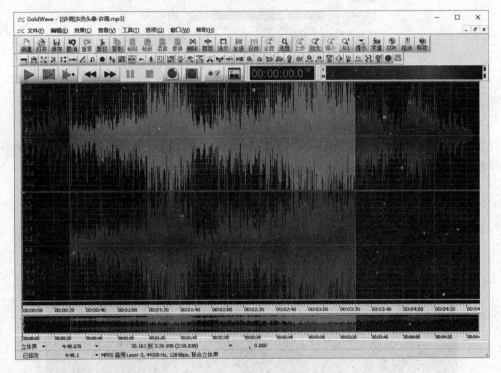

图 6-10　查看效果 2

（四）降噪和添加音效

在 GoldWave 中可以对声音的效果进行特效处理。例如，录制的音频有比较大的噪声时，利用 GoldWave 提供的降噪功能进行处理，还可添加回声和组合音效等，具体操作如下所述。

步骤 1：选择全部音频，再选择"效果"→"滤波器"→"降噪"菜单命令，打开"降噪"对话框。

步骤 2：在"预置"下拉列表框中选择"初始噪音"，可有效地降低噪声。单击右侧的"播放"按钮进行试听，如图 6-11 所示，然后单击"确定"按钮使设置生效。

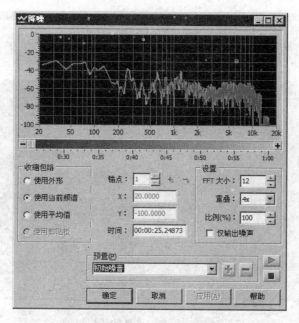

图 6-11 设置降噪

步骤 3：选择最后一段音频，然后选择"效果"→"回声"菜单命令，打开"回声"对话框。

步骤 4：分别调整"延迟""音量""反馈"等各项参数，设置回声效果。可以输入数值，也可以在"预置"下拉列表框中选择 GoldWave 预设的常见回声效果。这里选择"机器人"选项，如图 6-12 所示。

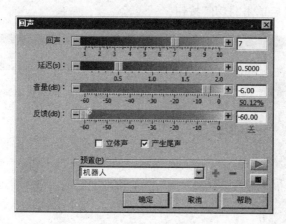

图 6-12 设置回声

步骤 5：单击右侧的"播放"按钮，进行试听。满意后，单击"确定"按钮，设置生效。效果如图 6-13 所示，然后保存音频。

（五）合并音频文件

合并音频文件是指将多个音频文件合成一个音频文件，并保存成新的音频文件。下面将计算机中的两个音频文件进行合并操作，步骤如下所述。

步骤 1：选择"工具"→"文件合并器"菜单命令，打开"文件合并器"对话框。

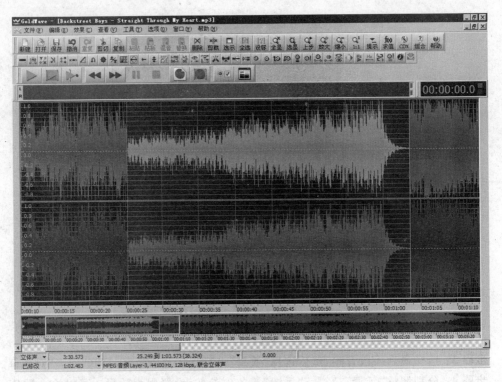

图 6-13 查看效果

步骤 2：单击"添加文件"按钮，打开"添加文件"对话框。按 Ctrl 键，一次性选择多个文件，如图 6-14 所示，然后单击"打开"按钮。

图 6-14 "添加文件"对话框

步骤 3：返回"文件合并器"对话框，根据需要调整合并的顺序，然后单击"合并"按钮，如图 6-15 所示。

步骤 4：打开"保存声音为"对话框，选择保存合并后声音文件的位置、类型、文件名，再

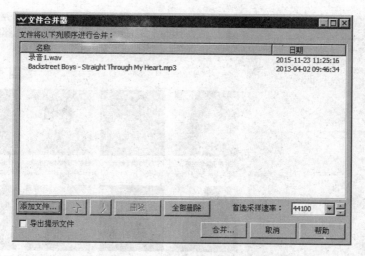

图 6-15 "文件合并器"对话框

单击"保存"按钮,开始合并并保存音频文件。完成后,打开音频文件,查看合并后的效果。

任务2 使用酷狗音乐播放音频文件

酷狗音乐是目前国内很受欢迎的音乐播放软件,它集播放、音效、转换、歌词、MV功能、歌单推荐、皮肤更换,以及独家的智能音效匹配和智能音效增强等个性化音乐体验功能于一身。下面将以酷狗音乐 8.3.2 版为例,详细介绍其使用方法。

一、任务目标

本任务的目标是利用酷狗音乐软件播放音乐、管理播放列表和设置播放效果,主要介绍播放本地音乐和播放网络音乐的操作方法。

二、相关知识

酷狗音乐界面主要由"播放"面板、"播放列表"面板、"歌词秀"面板、"音乐窗"面板等部分组成,如图 6-16 所示。下面简单介绍各组成部分的作用。

(1)"播放"面板:显示当前播放文件的相关信息和播放控制按钮。

(2)"播放列表"面板:显示添加到播放列表中的文件,并可随时修改。

(3)"歌词秀"面板:通过设置,同步显示当前播放文件对应的歌词。

(4)"音乐窗"面板:将计算机连接到 Internet,通过音乐窗,搜索并下载音乐,浏览音乐新闻等。

三、任务实施

(一)播放本地音乐

利用酷狗音乐盒可以播放存放在本地磁盘的音乐文件。下面播放本地磁盘 F 盘"音乐"文件夹中的全部 MP3 歌曲,具体操作如下所述。

图 6-16　酷狗音乐界面

步骤 1：安装并启动酷狗音乐，进入播放器界面。调整面板位置并调试面板大小，然后单击音乐窗面板右上角的"关闭"按钮⊠。图 6-17 所示为调整后的个性化布局效果。

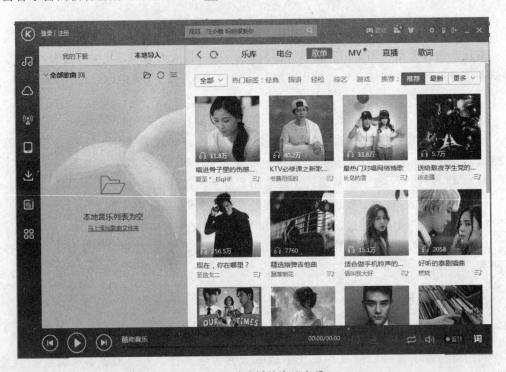

图 6-17　酷狗播放本地音乐

步骤 2：选择播放列表左侧的"本地音乐"选项卡，单击播放列表上方的"本地导入"选项，再单击"选择文件夹"，在弹出的"选择本地音乐文件夹"对话框中单击"添加文件夹"，打开"浏览文件夹"对话框，如图 6-18 所示。

图 6-18　酷狗添加文件夹

步骤 3：选择需要播放的音乐文件夹，然后单击"确定"按钮，如图 6-19 所示。

图 6-19　酷狗播放音乐

步骤 4：返回酷狗音乐主页面，所选歌曲添加到播放列表中。双击其中任意一首歌曲，开始播放。播放完一首歌曲后，酷狗音乐将默认播放下一首。

操作提示

酷狗音乐各个面板的位置和大小都可以根据需要调整，方法为：将鼠标指针移至某个面板的标题栏，按住鼠标左键拖曳至目标位置后释放鼠标，即可改变当前窗口的位置；若将鼠标指针移至窗口的边框，当其变成双向箭头时，按住左键拖曳，可改变面板的宽度或高度。

（二）播放网络音乐

除播放本地磁盘中的歌曲外，还可以使用酷狗音乐的音乐窗播放网络歌曲，具体操作如下所述。

步骤 1：单击酷狗音乐"播放"面板的第一个按钮，打开"酷狗音乐"音乐窗面板。默认打开的是"首页"选项卡，也可以打开播放网络歌曲界面，如图 6-20 所示。

图 6-20　酷狗音乐播放网络音乐

步骤 2：右击窗口界面歌曲，打开菜单。选择"添加到列表"→"本地列表"，如图 6-21 所示，创建本地播放列表。

步骤 3：选择酷狗音乐界面上方的"电台"命令，打开在线的电台，在线收听电台节目，如图 6-22 所示。

步骤 4：单击酷狗音乐界面上方的 MV 命令，可以在线收看 MV 节目，如图 6-23 所示。

步骤 5：单击酷狗音乐界面上方的"直播"命令，可以在线收看网络直播节目，如图 6-24 所示。

图 6-21 创建播放列表

图 6-22 酷狗在线电台播放

图 6-23　酷狗在线收看 MV

图 6-24　酷狗网络直播

步骤 6：选择酷狗音乐界面左侧的"手机"选项卡，可以用酷狗手机和计算机互相访问，如图 6-25 所示。

图 6-25　酷狗手机和计算机互相访问

（三）酷狗音乐播放器设置

步骤 1：单击窗口右上角的"设置"按钮，打开"选项设置"对话框。在左侧选项列表中选择"常规设置"，完成"启动时""关闭主面板时""其他设置"和"文件关联"等栏目的设置，如图 6-26 所示。

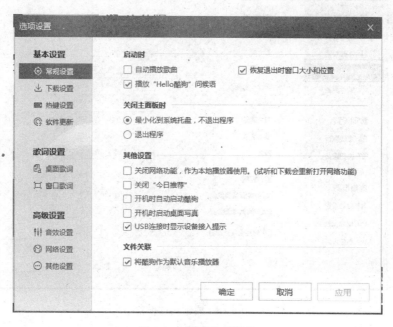

图 6-26　酷狗常规设置

步骤 2：在左侧选项列表中选择"下载设置"，完成目录设置、速度控制和其他，如图 6-27 所示。

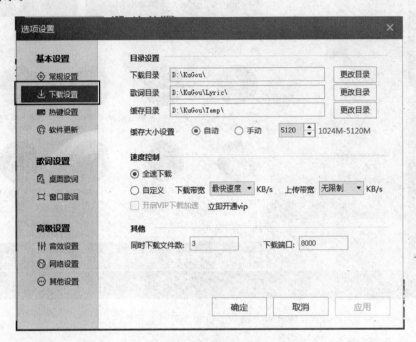

图 6-27　酷狗下载设置

步骤 3：在左侧选项列表中选择"热键设置"，设置快捷键，如图 6-28 所示。

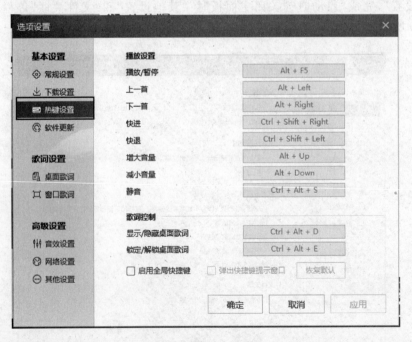

图 6-28　酷狗热键设置

步骤4：在左侧选项列表中选择"桌面歌词"，设置歌词的样式，如图 6-29 所示。

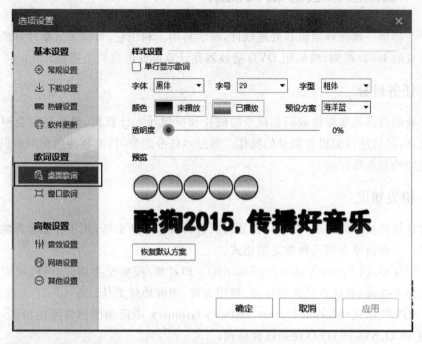

图 6-29 酷狗歌词设置

步骤5：在左侧选项列表中选择"音效设置"，设置音效，如图 6-30 所示。

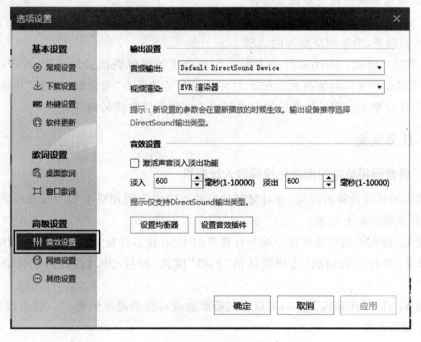

图 6-30 酷狗音效设置

任务 3　使用会声会影编辑视频

会声会影是一款视频编辑和处理软件,易学易用。利用它,可将家庭影片和照片做成具有专业外观的 DVD 视频,然后用 DVD 播放器在计算机或电视机上播出。

一、任务目标

本任务的目标是掌握将数码相机中的照片和视频导入计算机,然后使用会声会影导入图片和视频,最后进行编辑并刻录的操作。通过本任务的学习,掌握使用会声会影处理数码照片和视频的基本操作。

二、相关知识

随着计算机技术的发展,数字化视频后期剪辑技术不断更新,用于存储影像的视频格式多种多样。下面简单介绍几种常见的格式。

(1) AVI 格式(Audio/Video Interleaved):即音频/视频交错格式,可将视频和音频交织在一起同步播放,其优点是兼容性好、调用方便、图像质量更佳。

(2) MPEG 格式(Motion Picture ExPerts Group):即运动图像专家组格式,日常生活中常见的 VCD、SVCD、DVD 便是这种格式。

(3) ASF 格式(Advanced Streaming Format):可直接在网上观看的视频节目的流媒体文件压缩格式,可直接使用 Windows 自带的 Windows Media Player 播放。它采用 MPEG-4 压缩算法,压缩率和图像质量都非常好。

(4) NAVI 格式(newAVI):一种新的视频格式,由 ASF 的压缩算法修改而来,拥有比 ASD 更高的帧率,为非网络版本的 ASF。

(5) WMV 格式:Microsoft 开发的一组数位视频编解码格式的通称,ASF(Advanced Systems Format)是其封装格式。ASF 封装的 WMV 档具有"数位版权保护"功能。

(6) MOD 格式:JVC 生产的硬盘录制机采用的存储格式名称。

三、任务实施

(一) 将数码相机中的照片和视频导入计算机

将数码相机与计算机连接,通过复制粘贴的方式将数码相机上的图片和视频文件导入计算机,具体操作如下所述。

步骤 1:将数码相机数据线一端与计算机的 USB 接口连接,另一端与数码相机连接。

步骤 2:打开数码相机,选择默认的"拍摄"模式,再按 OK 键,数码相机成为数码摄像机。

步骤 3:打开"计算机"窗口,可以看到新添加的可移动磁盘的盘符。双击该盘符,进入并查看存储的内容。

步骤 4:选中需要导入计算机的图片和视频文件,然后按 Ctrl+C 组合键复制。

步骤 5:打开存储图片和视频文件的文件夹,然后按 Ctrl+V 组合键粘贴。

（二）用会声会影捕获视频

将数码相机中的视频和图片导入计算机后，将其导入会声会影进行处理，具体操作如下所述。

步骤 1：选择"开始"→"所有程序"→"会声会影"命令，启动会声会影程序，进入运行界面，如图 6-31 所示。

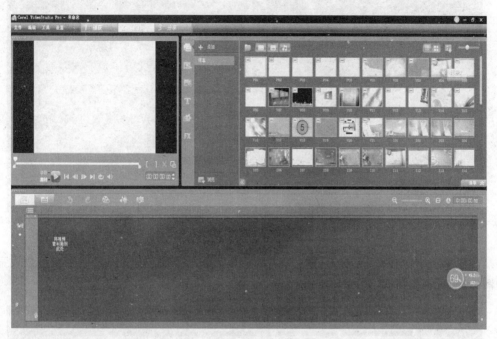

图 6-31　会声会影运行界面

步骤 2：选择"捕获"选项卡，再选择"捕获视频"命令，如图 6-32 所示。

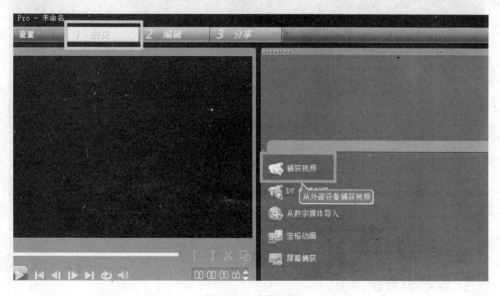

图 6-32　捕获视频

步骤 3：选择"捕获"选项卡，再选择"DV 快速扫描"命令，可以扫描 DV 磁带，实现视频捕获，如图 6-33 所示。

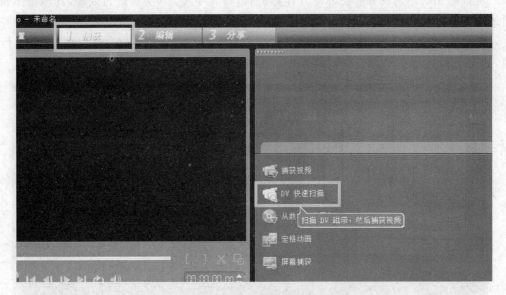

图 6-33　DV 快速捕获

步骤 4：选择"捕获"选项卡，再选择"屏幕捕获"命令，可以捕获屏幕上正在播放或显示的图像，实现视频捕获，如图 6-34 所示。

图 6-34　DV 屏幕捕获

（三）添加媒体素材

步骤 1：使用会声会影编辑视频和图片，然后将其导入素材库才可以操作。要导入图片和视频,选择"编辑"选项卡,再单击右侧"打开"按钮,如图6-35所示。

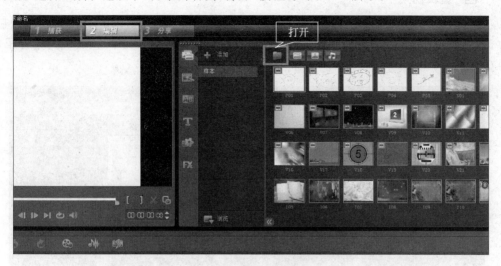

图6-35 导入素材

步骤2:打开"浏览媒体文件"对话框,选择要添加的素材,然后单击"打开"按钮,如图6-36所示。

图6-36 添加媒体素材

（四）编辑视频

步骤 1：导入素材后，进入编辑模式。窗体下方有时间轴，是制作视频的重要工具，它分为 5 个层，由上到下分别用来存放视频（或图片）、视频（或图片）、文字、声音和背景音乐，如图 6-37 所示。

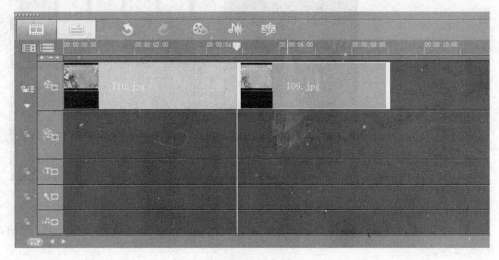

图 6-37 时间轴

步骤 2：在素材库中选择适合的图片或视频，然后将其直接拖至视频轨。时间轴左、右两侧的黄色选框用于调整当前素材展现的时间长短，如图 6-38 所示。

图 6-38 将图片素材拖至视频轨

步骤 **3**：在会声会影中，可以为图片切换设置效果，即设置转场，方法是：选择素材库左侧的转场选项，将列出各种转场效果，选择后，将其拖曳到图片之间，如图 6-39 和图 6-40 所示。

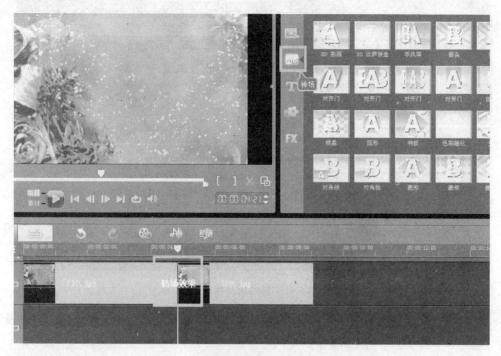

图 6-39　设置转场

图 6-40　在图片之间添加转场

步骤 4：在视频轨上单击添加的转场，进入转场属性设置。可以设置时间长短、转场类型、方向、边框、色彩等属性，如图 6-41 所示。

图 6-41　转场的属性设置

步骤 5：选择视频轨上的图片或视频，素材库下方将显示该素材的属性设置。可以设置时间长短、色彩等，如图 6-42 所示。

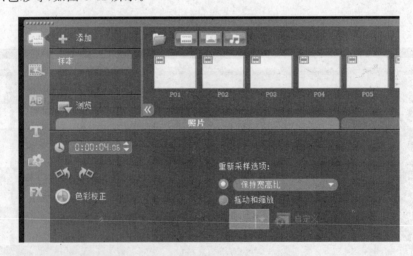

图 6-42　设置图片显示的时间和属性

步骤 6：利用会声会影，可以为图片添加滤镜效果，方法是：选择素材库左侧的滤镜选项，将列出各种滤镜效果，如图 6-43 所示。

步骤 7：针对每个滤镜，都会显示效果。选择任意滤镜，将其拖至视频轨的图片，预览窗口将显示添加后的效果，如图 6-44 所示。

步骤 8：利用会声会影，可以为做好的视频添加文字说明，方法是：选择素材库左侧的标题选项，将列出文字效果，选中适合的标题，然后将其直接拖曳到文字轨，如图 6-45 所示。

图 6-43 添加滤镜界面

图 6-44 为图片添加滤镜效果

图 6-45　添加标题界面

步骤 9：为添加的标题设置属性，如字体大小、字体类型、颜色、背景色、旋转角度、停留时间、进入和退出的时间及效果等。单击添加的标题，素材库下方将列出对应的属性，如图 6-46 所示。

图 6-46　添加文字并设置文字属性

（五）创建视频文件

步骤 1：制作好的视频文件可输出为各种类型。选择"分享"选项，右侧将显示对应的分享类型，如图 6-47 所示。

步骤 2：选择"创建视频文件"命令，弹出视频类型菜单，选择 DVD→"DVD 视频"，如图 6-48 所示。

步骤 3：弹出选择存放路径及命名文件对话框，如图 6-49 所示。选择存放位置，输入视频名称，然后单击"保存"按钮。

图 6-47 创建视频文件

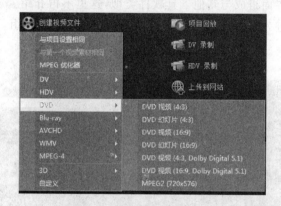

图 6-48 选择对应的视频格式

图 6-49 选择存放路径及命名文件

任务4　使用暴风影音播放影音文件

暴风影音是目前最常用的视频软件之一,它兼容大多数视频和音频格式,还可用于播放VCD、DVD、CD,并支持在线影视功能。暴风影音 5 采用全新的程序架构,并大幅提升了启动和打开高清电影的速度,还具有皮肤管理和"左眼镜"功能。

一、任务目标

本任务的目标是利用暴风影音软件播放不同格式的影音文件,完成播放控制,截取视频片段或图像,以及为影片导入字母等。下面以暴风影音 5 为例,详细介绍其使用方法。

二、相关知识

暴风影音的工作界面组成与其他工具软件类似,这里不再介绍。下面简单介绍利用它打开视频或音频的几种方式,及其界面右侧播放列表中的播放按钮组。图 6-50 所示为暴风影音的操作界面。

图 6-50　暴风影音操作界面

(一)暴风影音的几种打开方式

(1)打开文件:用于直接打开常用的视频文件。

(2)打开文件夹:用于打开计算机中保存的视频文件夹。

(3)打开 URL:利用视频网络地址打开需要播放的影音文件。

(4)打开 3D 视频:用于打开目前流行的 3D 立体电影。

（5）打开碟片/DVD：用于打开光驱中的视频内容（包括虚拟光驱的内容）。

（二）播放按钮组

（1）"添加"按钮：与"文件"菜单中的命令一样，用于打开影音文件。

（2）"删除"按钮：用于删除播放列表中选中的内容。

（3）"清空"按钮：用于清空播放列表中的内容。

（4）"模式"按钮：用于设定播放列表中内容的播放方式，包括顺序播放、单个播放、随机播放、单个循环、列表循环。

三、任务实施

（一）播放不同格式的影片文件

暴风影音 5 支持多种媒体格式，并提供了打开文件、打开文件夹、打开 URL、打开 3D 视频、打开碟片/DVD 等方式。下面介绍几种常见的播放方式。

1．打开影音文件

在暴风影音中，可以打开本地影音文件或打开某文件夹中的所有影音视频文件进行播放。打开本地影片文件的操作如下所述。

步骤 1：选择"开始"→"所有程序"→"暴风软件"→"暴风影音 5"菜单命令，启动暴风影音 5 播放器，然后单击播放器界面的"打开文件"按钮，如图 6-51 所示。

图 6-51　打开文件

步骤 2：打开"打开"对话框，在左侧的文件夹列表中选择需要播放的影音文件所在的磁盘及文件夹，再在中间列表框选择要打开影音文件，如图 6-52 所示。

步骤 3：单击"打开"按钮，返回暴风影音 5 主界面，将自动播放所选文件，并自动调整界面大小。在右侧的播放列表框中可以看到正在播放的内容，如图 6-53 所示。

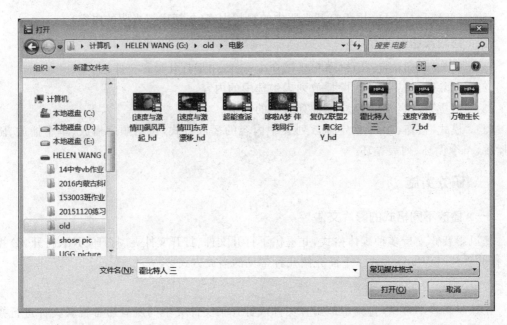

图 6-52　选择要打开的文件

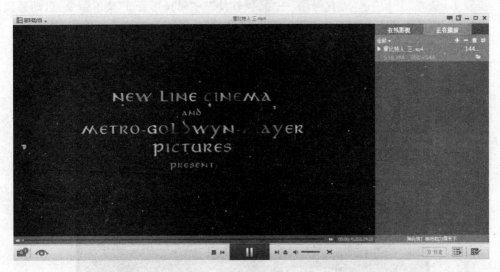

图 6-53　开始播放文件

2.播放碟片/DVD

利用暴风影音,可以播放碟片和DVD,具体操作如下所述。

步骤 1:启动暴风影音,然后将要播放的碟片放入光驱。

步骤 2:在暴风影音界面中选择"文件"→"打开碟片/DVD"菜单命令下的光驱盘符命令,开始播放光盘中的内容。

3.在线播放

通过暴风影音可观看在线视频。确认计算机联网后,通过搜索,或在"在线影视"列表中选择进行播放。通过搜索的方式播放一部动画片的操作如下所述。

步骤1：启动暴风影音,在界面右侧选择"在线影视"选项卡,然后将鼠标光标定位到视频列表的搜索框内,并输入所需文本,如"海绵宝宝历险记",在"在线影视"选项卡中将自动显示搜索结果,如图6-54所示。

步骤2：在列表中通过滚动条查找并依次单击展开节目,然后在播放的节目中双击或右击,再在弹出的快捷菜单中选择"播放视频"命令。

步骤3：左侧的播放窗口中将显示缓冲信息。完成缓冲后,即可在播放窗口中观看所有的视频文件,如图6-55所示。

（二）播放控制

在播放视频的过程中,可以结合观看需要控制视频,包括暂停播放,调节视频、音频、画质、显示比例,以及删除播放列表中的视频文件等。在正在播放的在线视频"海绵宝宝-01"中执行此类操作的步骤如下所述。

步骤1：将鼠标指针移至下方的播放控制区,单击其中的按钮,对正在播放的视频界面进行相应的设置。各按钮的作用如图6-56所示。

步骤2：将鼠标指针移至播放区左上角,将显示

图6-54 在线搜索视频

工具栏。单击其中的按钮,对正在播放的视频界面的显示尺寸进行相应的设置。单击**全**按钮,可将当前播放界面全屏显示;单击**□**按钮,可将当前播放界面最小化,并自动关闭右侧的播放列表;单击**1×**按钮,可将当前播放界面放大1倍;单击**2×**按钮,可将当前播放界面放大2倍;单击**┿**按钮,可将播放窗口置顶显示;单击**目**按钮,实现剧场模式播放。

图6-55 在线播放视频

图 6-56 界面

步骤 3：单击右上角的"画"按钮，可以在打开的画板中调整播放画面的亮度和对比度，如图 6-57 所示。

图 6-57 调整画质

步骤 4：选择"正在播放"选项卡，所有打开过或通过在线影视方式播放过的文件都会自动添加并显示在播放列表中，因此只需双击"正在播放"选项卡中的某个文件，便可重复观看上一次看完的视频文件。

步骤 5：在需要删除的文件上右击，然后在打开的快捷菜单中选择"从播放列表删除"→"删除选中项"菜单命令，即可删除所选文件。如果想将播放列表中的所有文件删除，选择"清空播放列表"命令。

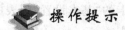 **操作提示**

设置循环模式的方法是：在播放列表中需设置的文件上右击，然后在弹出的快捷菜单中选择"循环模式"命令，再在弹出的子菜单中选择所需的命令。

（三）截取视频片段

可以利用暴风影音截取视频中的片段分享给朋友，还可以选择输出类型，如输出到手机或家用计算机等。使用暴风影音截取视频片段的方法如下所述。

步骤1：播放需要截取片段的视频，然后在播放界面中右击，在弹出的快捷菜单中选择"视频转码/截取"→"片段截取"菜单命令。

步骤2：同时打开"暴风转码"窗口和"输出格式"对话框。在"输出格式"对话框的"输出格式"下拉列表框中选择输出格式，然后设置相关参数。

步骤3：单击"确定"按钮，返回"暴风转码"窗口。在右下角拖动"开始"和"结束"滑块，设置要截取的开始时间和结束时间。在拖动过程中，上方的小屏幕显示浏览画面。

步骤4：单击左下角的"浏览"按钮，设置保存截取视频的文件夹位置。

步骤5：单击"开始"按钮，开始保存截取视频。完成后，关闭"暴风转码"窗口，即可在指定的输入位置查看截取的视频片段文件。

（四）设置快捷键

在暴风影音中，可通过快捷键实现播放控制和调整画面显示等，这对于习惯使用键盘操作的用户比较方便。为了便于记忆，可自行设置快捷键，具体操作如下所述。

步骤1：在播放窗口中右击，在弹出的快捷菜单中选择"高级选项"命令，如图 6-58 所示。

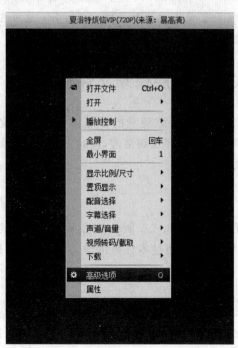

图 6-58 高级设置

步骤 2：打开"高级选项"对话框。在默认的"常规设置"选项卡的"基本设置"列表中选择"热键设置"选项,右侧展开的列表中将显示软件的所有快捷信息。

步骤 3：单击"播放/暂停"命令对应的快捷键,然后直接按 A 键(注意,不能与已有快捷键重复),可重新设置"播放/暂停"命令对应的快捷键。最后,单击"应用"按钮,应用所有的设置,如图 6-59 所示。

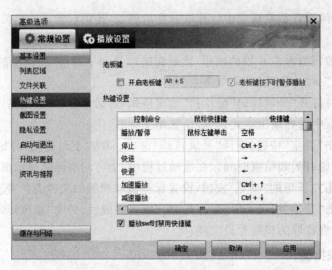

图 6-59 设置快捷键

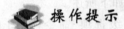 **操作提示**

在"高级选项"对话框的"常规设置"列表中选择其他选项,可完成更多高级选项设置。如选择"截图设置"选项,可设置截图后的默认保存位置等;也可在该对话框中选择"播放设置"选项卡,设置快进和快退的秒数和播放文件时的窗口大小等。

任务 5　使用格式工厂转换视频文件格式

格式工厂(Format Factory)是一款免费的多媒体格式转换软件,它几乎支持将所有类型的多媒体格式转换为常用的音频和视频格式,同时支持图片之间的转换,并且在转换过程中修复某些损坏的视频文件。

一、任务目标

本任务的目标是利用格式工厂 3.3.2 版软件将 WAV 格式的音频文件转换为 MP3 格式,将视频文件转换为 AVI 格式。通过本任务的学习,掌握使用格式工厂转换音频和视频文件格式的方法。

二、相关知识

图像格式的种类很多,日常工作学习中可根据实际需要选择适当的格式。下面简单介绍几种常用的图像文件格式。

（1）GIF 格式：即图形交换格式，形成一种压缩的 5 位图像文件。这种格式的文件目前多用于网络传输，可指定透明的区域，以便图像与页面背景很好地融合。

（2）BMP 格式：分为黑白、16 色、156 色、真彩色等几种格式。其中前 3 种有彩色映像。

（3）JPG 格式：为 JPEG 的缩写。JPEG 无法重建原始图像，占用内存小，但画质相对较低。

（4）PSD 格式：是 Photoshop 的一种专用存储格式。

（5）EPS 格式：是许多高级绘图软件都有的一种矢量格式。

（6）TIF 格式：最早是为了存储扫描仪图形而设计的，其突出特点是与计算机的结构、操作系统以及图形硬件系统无关。

三、任务实施

（一）转换音频文件

利用格式工厂，可以将音频文件转换为 MP3、WMA、OGG、MP2、WAV 等格式。下面将李易峰-年少有你.mp3 转换为 WMA 格式，具体操作如下所述。

步骤 1：选择"开始"→"所有程序"→"格式工厂"菜单命令，启动格式工厂，如图 6-60 所示。

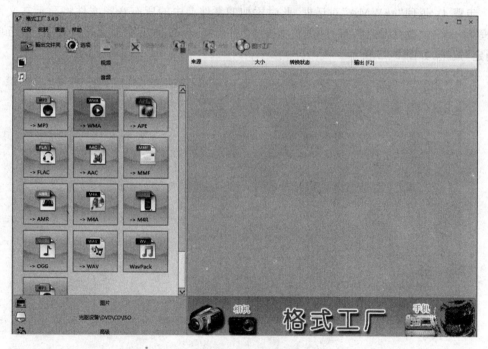

图 6-60 格式工厂操作界面

步骤 2：在操作界面左侧的功能切换区单击"音频"按钮，在展开的"音频"选项卡中单击 按钮，打开"→WMA"对话框，如图 6-61 所示。

步骤 3：单击"添加文件夹"按钮，打开"添加目录里的文件"对话框。单击"浏览"按钮，打开"浏览文件夹"对话框，在中间列表框中选择所需文件夹，然后单击"确定"按钮。

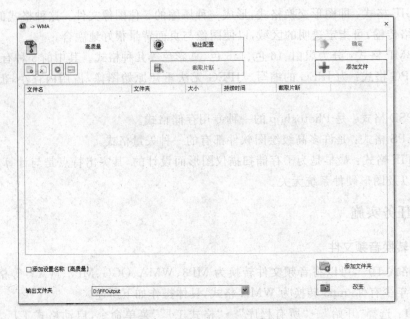

图 6-61　"→WMA"对话框

步骤 4：返回"→WMA"对话框，此时添加的文件夹中的所有音频文件将显示在文件列表框中。单击"改变"按钮，打开"浏览文件夹"对话框，设置输出文件保存的位置，然后单击"确定"按钮，如图 6-62 所示。

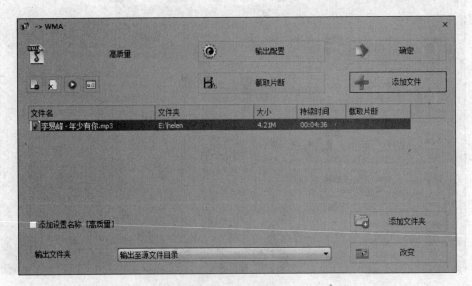

图 6-62　确认设置

步骤 5：在格式工厂主界面"文件列表区"中将自动显示所添加的音频文件。单击工具栏"开始"按钮，执行转换操作，并显示转换进度，如图 6-63 所示。

步骤 6：完成转换后，单击主界面工具栏"输出文件夹"按钮，打开保存输出文件的文件夹，查看转换后文件的详细信息。

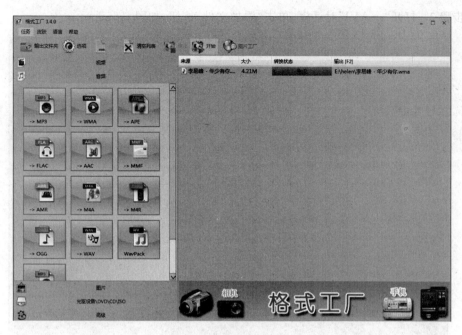

图 6-63　转换音频文件

（二）转换视频文件

利用格式工厂，可以将文件转换为 MP4、AVI、MKV、WMV、MPG、FLV、MOV 等格式。下面将视频速度与激情 2_01. mp4 和速度与激情 2_02. mp4 转换为 AVI 格式。

步骤 1：启动格式工厂软件，在主界面左侧的功能切换区中单击"视频"按钮，然后在展开的"视频"选项卡中单击"→AVI"按钮，如图 6-64 所示，打开"→AVI"对话框。

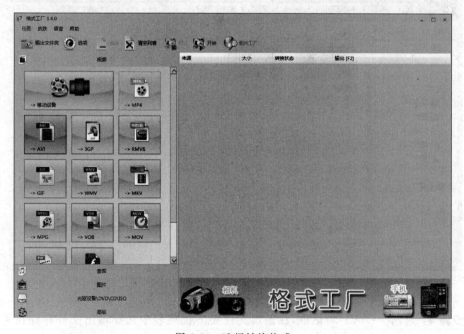

图 6-64　选择转换格式

步骤 2：打开"→AVI"对话框，单击"添加文件"按钮，如图 6-65 所示。

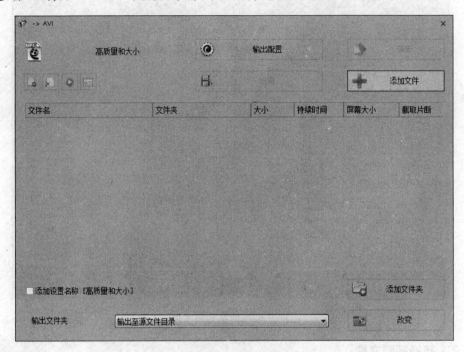

图 6-65　添加文件

步骤 3：打开"打开"对话框，在"查找范围"下拉列表框中选择要打开素材的所在位置，并选择要打开的素材，然后单击"打开"按钮，如图 6-66 所示。

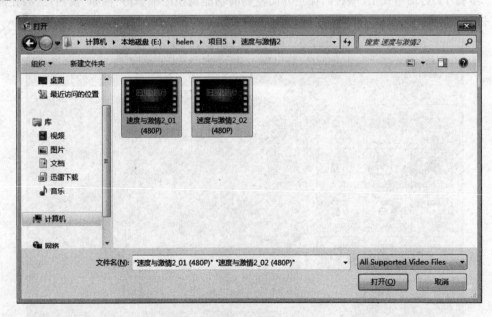

图 6-66　选择要打开的视频文件

步骤 4：返回"→AVI"对话框，在输出文件夹下拉列表中选择输出文件存储位置，然后单击"输出配置"按钮，如图 6-67 所示。

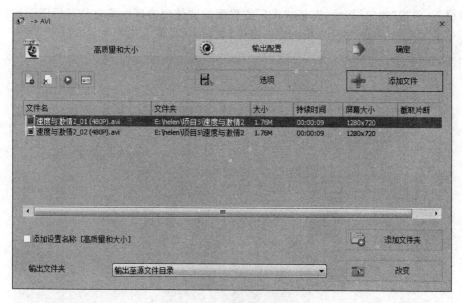

图 6-67　单击"输出配置"按钮

步骤 5：打开"视频设置"对话框，在配置栏中设置屏幕大小等参数，然后单击"确定"按钮，如图 6-68 所示。

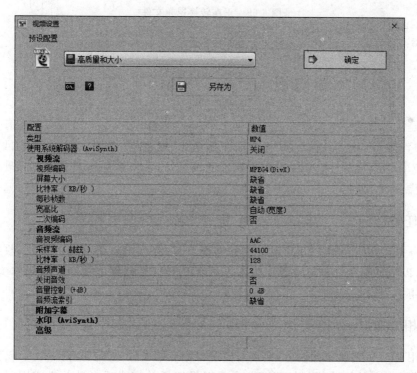

图 6-68　设置输出视频配置参数

步骤 6：返回到"→AVI"对话框，在"输出文件夹"下拉列表框中选择输出文件的保存位置。

步骤7：单击"确定"按钮，在格式工厂主界面的文件列表区中将自动显示所添加的视频文件。单击工具栏"开始"按钮，执行转换操作，如图6-69所示。

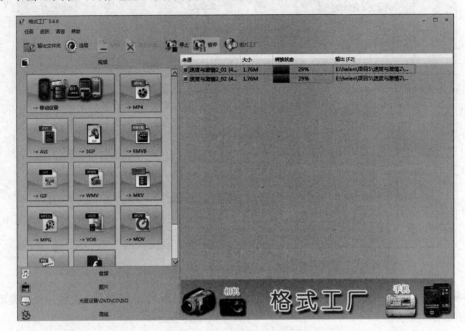

图6-69　正在转换视频文件

步骤8：完成后，打开输出文件夹，查看转换后的视频文件。

任务6　PPTV网络电视

目前最常用的网络电视软件之一就是PPTV网络电视，又称PPLive，支持海量高清影视内容的"直播＋点播"功能，可用于在线观看电影、电视剧、体育直播、电视节目等丰富视频。PPTV网络电视对计算机系统配置要求低，占用的系统源较少，使用时不在硬盘中存储数据，界面简单易用。

一、任务目标

本任务主要介绍利用PPTV观看直播电视节目，在网上搜索并播放影片，收藏常看的电视节目，以及了解并设置定时播放任务。下面以PPTV网络电视3.5.0版本为例，详细介绍其使用方法。

二、相关知识

在使用PPTV播放视频时，可根据需要进行相应的设置，如定时开关机、下载节目等。

（1）设置定时关机功能：在PPTV中可以设置播放完成后自动关机或定时关机的功能，不用手动关闭，节省用户时间，方法为：单击界面右上角的▇按钮，在打开的列表中选择"定时关机"选项，打开"定时关机"对话框。单击选中"开启自动关机功能"复选框，再选择关机方式。若选择定时关机，可设定时间，如图6-70所示。

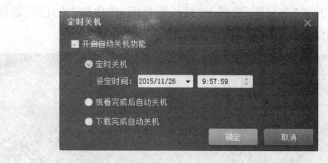

图 6-70　设置定时关机

（2）下载节目：在 PPTV 中可下载电视节目并保存到本地计算机，方法为：在播放界面中或播放列表中需要下载的节目名称上右击，在打开的快捷菜单中选择"下载"命令，打开"新建下载任务"对话框，在其中进行相应的设置，然后单击"立即下载"按钮。

三、任务实施

（一）收看直播节目

PPTV 的直播频道很多，用户可根据喜好选择收看不同类型的直播节目。下面介绍如何在 PPTV 中观看四川卫视的直播节目，具体操作如下所述。

步骤 1：选择"开始"→"所有程序"→PPLive→"PPTV 网络电视"菜单命令，启动 PPTV 网络电视，进入图 6-71 所示操作界面。其左侧是播放窗口，右侧是当前的节目播放列表。

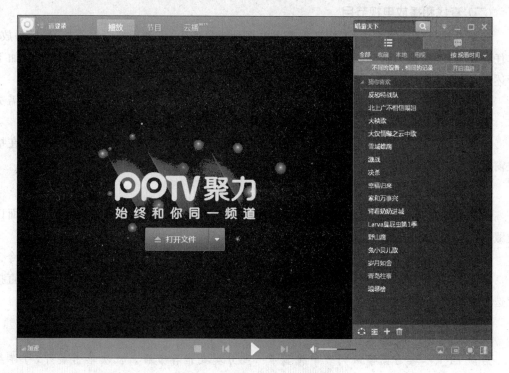

图 6-71　启动 PPTV 网络电视

步骤2：单击左上角的"节目库"选项卡，打开节目库，然后单击"直播"超链接，显示"直播精选""电视台"和"电视栏目索引"等栏目，如图6-72所示。

图6-72 打开"直播"节目表

步骤3：在"电视栏目索引"栏目中单击"四川卫视"超链接。切换至播放器窗口。广告播放完，即可观看直播。

（二）查找和播放电视节目

如果只知道节目的名称，不知道在哪个电视台或目录中，可利用搜索框查找，然后播放。本任务要查找"最强大脑"的相关节目，然后选择其中一个视频文件来播放，具体操作如下所述。

步骤1：启动PPTV，打开节目库，将鼠标指针定位到窗口上方的搜索框中，输入所需文本。这里输入"最强大脑"。单击"搜索"按钮，将显示搜索结果，如图6-73所示。

步骤2：单击需播放的电视节目超链接，将切换至播放器界面。完成缓冲后，即可在播放窗口中观看所选电视节目。

（三）收藏电视节目

收藏电视节目是指将喜欢的电视节目添加到收藏列表中，便于以后再次观看。下面以收藏电视节目"最强大脑"为例讲解，具体操作如下所述。

步骤1：在电视节目播放画面中右击，在弹出的快捷菜单中选择"添加到收藏夹"命令。

步骤2：单击"添加"按钮，显示播放列表，显示出已收藏的节目。下次观看节目时，直接在选项卡中双击即可。

操作提示

启动PPTV，其右侧播放列表中将显示一些分类或推荐节目。依次单击展开，可详细查看。最后，双击要观看的节目进行播放，当前播放过的节目都会出现在"我的播放列表"中。

图 6-73 搜索结果

实训 1 录制声音并转换音频格式

【实训要求】

本实训要求使用 GoldWave 录制一个名为"打碎玻璃杯的录音.wav"的音频文件,然后利用格式工厂将其转换为 MMF 格式。通过本实训的操作,进一步巩固使用 GoldWave 录制音频及改变音频频道方法。

【实训思路】

本实训主要练习音频剪辑、更改音量、降噪和添加音效等操作。保存音频文件后,在格式工厂中为其转换音频格式。

【步骤提示】

步骤 1:启动 GoldWave,新建一个空的音频文件。

步骤 2:确认计算机与麦克风相连,然后单击控制栏"在当前选区内开始录制"按钮,开始录制声音。

步骤 3:录制结束后,试听一遍效果,然后根据录制的效果,删除不需要的音频波形,再对部分音频波形的音量进行适当的调整。

步骤 4：单击工具栏"保存"按钮,保存"打碎玻璃杯的录音.wav"文件。

步骤 5：启动 GoldWave,将"打碎玻璃杯的录音.wav"音频文件直接拖至格式工厂主界面的文件表区。

实训 2　编辑简单的 MV

【实训要求】

本实训要求使用会声会影制作一个 MV 视频文件。通过本实训的操作,进一步熟练掌握会声会影视频制作的方法。

【实训思路】

本实训在操作过程中主要使用会声会影软件对图片、视频片段和音频进行操作,并保存视频文件。

【步骤提示】

步骤 1：搜索一首最喜欢的歌曲,以及与该歌曲相关的图片。

步骤 2：将以上素材导入会声会影素材库。

步骤 3：将歌曲导入声音轨,将歌词按照声音播放的时间添加到文字层。

步骤 4：根据文字层的文字,添加与歌词相匹配的图片或简短视频。

步骤 5：为文字、图片、视频添加不同的转场效果、滤镜效果。

步骤 6：测试并生成视频文件。

实训 3　下载 3 首歌曲并制作为歌曲串烧

【实训要求】

本实训要求使用 MP3 截取大师制作一个歌曲串烧的音频文件。通过本实训的操作,进一步熟练掌握音频文件的处理。

【实训思路】

本实训主要使用 MP3 截取大师对音频进行操作。

【步骤提示】

步骤 1：下载 3 首同一歌手的歌曲。

步骤 2：打开 MP3 截取大师。

步骤 3：分别截取这 3 首 MP3 的高潮部分。

步骤 4：利用 MP3 截取大师的合并功能,将上述 3 首歌曲合并在一起。

步骤 5：将合并好的歌曲保存为 MP3 并试听。

实训 4 使用 PPTV 播放在线电影

【实训要求】

本实训要求使用 PPTV 播放在线电影。通过本实训,巩固 PPTV 播放在线视频的使用方法。

【实训思路】

启动 PPTV 网络电视后,搜索需要观看的电影,然后播放。

【步骤提示】

步骤 1:启动 PPTV 网络电视。

步骤 2:选择右上角的"节目库"选项卡,打开节目库,然后单击"电影"按钮。

步骤 3:在窗口上方的搜索框中输入所需文本。这里输入"无人区",然后单击"搜索"按钮,稍后将显示搜索结果。

步骤 4:单击"马上观看"按钮,切换至播放器窗口。广告播放完即可在线观看。

常见疑难解析

问:是否可以在其他计算机上播放在百度音乐盒中添加的收藏,或播放列表中的歌曲?是否可以在其他计算机上通过 PPTV 网络电视观看之前的收藏,或播放节目单?

答:可以。只需申请一个百度账号或一个 PPTV 网络电视账号。登录账号,将需要保留记录的目标添加到播放列表和收藏。下次播放时,登录账号,在列表中找到后双击直接播放。

问:在百度音乐播放器播放过的网络音乐列表是否可以在其他计算机上播放?

答:可以,但需要申请百度账号,并且在打开播放器后登录账号,被播放和添加的音乐才能够被记录。为方便管理,还可像管理本地音乐一样,自定义播放列表,对添加的网络音乐分类。

问:在使用 PPTV 网络电视时,是否有便捷的方法可以快速进入和退出全屏状态?

答:有快速进入或退出全屏状态的方法,即播放节目时按 Alt+Enter 组合键进入全屏播放状态,按 Esc 键退出全屏播放状态。

拓展知识

1. 在暴风影音中手动载入字母

如果播放的视频文件没有字幕,会影响观看效果。字幕文件大多是 .srt 格式的,可以直接下载待用。播放时,在播放窗口右击,在弹出的快捷菜单中选择"字母选择"→"手动载入字母"菜单命令,然后在打开的"打开"对话框中指定字幕文件位置并打开文件。

2. 在暴风影音中切换声道

在播放视频时如需切换声道,将鼠标指针移至播放器右上角,显示 ▉▉▉ 工具栏。单击▉按钮,在打开的面板中进行声道切换操作;也可在播放窗口中右击,在打开的快捷菜单中选择"声道/音量"→"左声道"菜单命令,或选择"声道/音量"→"右声道"菜单命令切换。

3. 利用暴风影音转换视频格式

暴风影音支持在不同的视频格式间转换,方法是在播放列表中选择需要转换格式的视频文件,然后右击,在弹出的快捷菜单中选择"格式转换"命令,打开"暴风转码"和"输出格式"对话框,选择要输出的类型及格式等。

课后练习

(1) 使用酷狗音乐播放本地计算机中保存的 MP3 音乐,并新建名为"华语女歌手"的播放列表。将网上的音乐文件添加到该列表,再对播放列表中的歌曲进行管理,如删除歌曲和添加歌曲等。

(2) 将一张 DVD 歌碟放入计算机光驱,使用暴风影音播放。

(3) 利用暴风影音的搜索框,搜索在线影视《千与千寻》,然后播放。

(4) 使用 PPTV 查找"爸爸去哪儿"电视节目,然后将其添加到"收藏"选项卡。

项目 7

网络通信传输工具

情 景 导 入

小张：小王，你把之前要求你整理的那些数据打包后传送给我。我待会儿做报告的时候要用。

小王：好的，我要用 U 盘复制给你吗？

小张：你在网上下载一个飞鸽传书软件。这款局域网通信工具适用于局域网内任何文件的传输和信息交流。你先安装好软件，我再教你如何使用。

小王：飞鸽传书？比 QQ 传文件快吗？

小张：当然。它是一款局域网通信工具，肯定比 QQ 网络传输快啊！

小王：好啊！我一会儿就去下载。

小张：你去查看下公司的邮箱里有没有什么重要的邮件。

小王：小张，公司有那么多邮箱，一个一个登录并查看，需要很长时间。

小张：这个问题很容易解决啊！你可以下载 Foxmail 邮箱客户端，将所有的邮件账号都添加进去，就可以直接查看所有的未读邮件，能节省很多时间。

小王：原来有这么便捷的软件！我一会儿把重要的邮件用 U 盘拷给你。

小张：不需要拷给我，你可以使用 QQ 的文件助手传给我。如果我不在，直接使用离线传送就行了。记得给我发条信息。

学 习 目 标

- 掌握在局域网中传送和接收文件的操作。
- 掌握使用百度云网盘传输文件的操作。
- 掌握使用 360 手机助手管理手机的操作。
- 掌握使用 Foxmail 邮件客户端收、发电子邮件的操作方法。
- 掌握使用腾讯 QQ 即时通信的操作方法。

- 掌握飞鸽传书的使用方法。
- 能运用百度云网盘上传和下载文件。
- 能使用 360 手机助手管理手机。
- 能使用 Foxmail 邮件客户端完成邮件登录、收发邮件、管理邮件、使用地址簿等操作。
- 能使用腾讯 QQ 添加好友、交流信息、收发文件等。

任务 1   使用飞鸽传书快速传输文件

飞鸽传书(IP Messenger)是一款面向企业办公推出的即时通信软件,基于 TCP/IP 模式,可运行于多种操作平台,并实现跨平台信息交流。它不需要服务器支持,支持文件、文件夹传送,十分小巧,简单易用,并且完全免费。

一、任务目标

本任务的目标是以飞鸽传书 2015 为例,介绍其常用操作,包括发送和回复消息、传送和接收文件、查看通信记录以及服务设置等。

二、相关知识

飞鸽传书是比较流行的局域网即时通信软件,图 7-1 所示为操作界面。下面针对其软件原理、特点和操作技巧进行简单介绍。

(1) 软件原理:在飞鸽传书中,如要传输文件或文件夹,首先需要完成消息应答,通过 UDP 发送文件传输报文;飞鸽传书客户端收到报文后,使用 TCP 协议发送应答报文。

(2) 特点:方便,不需要注册;绿色,不需要安装;小巧,仅一个一百多字节的文件;实用,可以传送多个文件及文件夹。

(3) 操作技巧:隐藏/显示窗口,按 Ctrl+D 组合键;按住 Ctrl 键单击"刷新"按钮,可保持现有用户,搜索新上线的用户;按 Ctrl+F 组合键打开搜索窗口;接收到多个文件,保存时,单击选中"全部"复选框。

三、任务实施

(一) 发送和回复信息

安装飞鸽传书后,可在局域网中完成发送和回复信息的操作。利用飞鸽传书发送和回复信息的方法如下所述。

步骤 1:双击桌面上的"飞鸽传书"快捷图标,打开"飞鸽传书"窗口。

步骤 2:单击联系人列表左侧的按钮,打开联系人列表,然后双击需接收信息的用户,如图 7-2 所示。

图 7-1　飞鸽传书操作界面　　　　　　　　图 7-2　双击接收信息的用户

步骤 3：打开聊天窗口，在下方的文本框中输入要发送的信息，然后单击"发送"按钮或按 Enter 键。发送后的信息将自动显示在聊天窗口上方的信息列表框中，如图 7-3 所示。

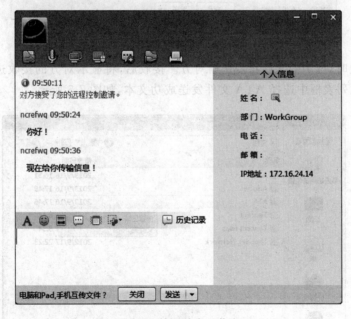

图 7-3　输入并发送信息

步骤 4：等待对方回复信息后，屏幕中自动显示回复消息。

步骤 5：在聊天窗口下方的文本框中输入需回复的内容，然后单击"发送"按钮，即可回复消息。

（二）传送和接收文件

可以使用飞鸽传书传送和接收文件或文件夹，并且传送速度很快，具体操作如下所述。

步骤 1：双击需接收文件的用户，然后在打开的聊天窗口中输入文本信息，再单击"发送文件/文件夹"按钮。

步骤 2：打开"发送文件/文件夹"对话框，选择需发送的文件，然后单击"发送"按钮，如图 7-4 所示。

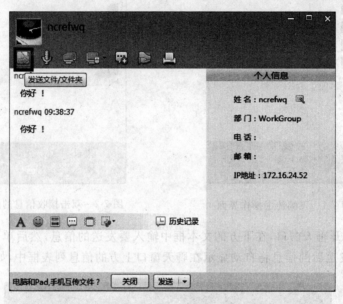

图 7-4　发送文件

步骤 3：此时，选中的文件将发送给对方。接收后，将显示对方的接收进度。成功传送文件后，在信息列表框中选择 ATA 文件发送成功文本，如图 7-5 所示。

图 7-5　发送文件

步骤 4：利用飞鸽传书，可以进行语音通信，图 7-6 所示为向对方发送语音的请求，等待对方接受语音请求如图 7-7 所示。对方接受请求后，可以进行语音通话。

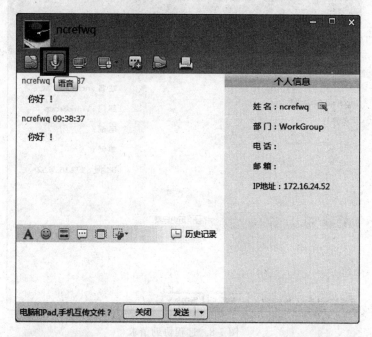

图 7-6　语音(1)

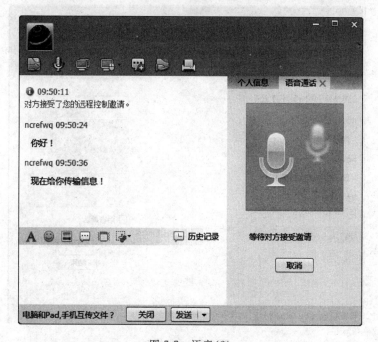

图 7-7　语音(2)

步骤 5：在操作计算机时，难免会遇到自己解决不了的问题，需要寻求帮助。飞鸽传书提供了一种远程控制功能。单击"远程协助"按钮，如图 7-8 所示，对方接受远程控制后，便可以操控计算机,如图7-9所示。

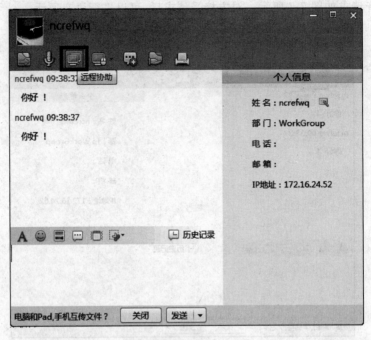

图7-8 远程协助请求

图7-9 远程控制

步骤6:在若干好友中,有些资源是可以共享的。单击"文件共享"按钮,如图7-10所示,进入共享界面,然后选择要共享的文件,如图7-11所示。

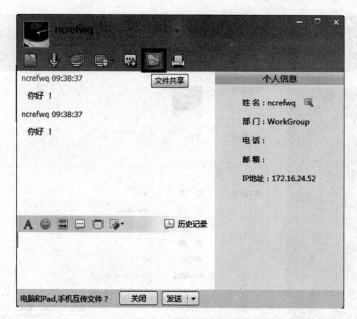

图 7-10 文件共享(1)

(三) 系统设置

如果对飞鸽传书中的默认设置不满意,可重新设置。系统设置的方法如下所述。

步骤1:在飞鸽传书界面的右下角单击按钮 ，在弹出的菜单中选择"个人设置"或"系统设置"命令,如图 7-12 所示。

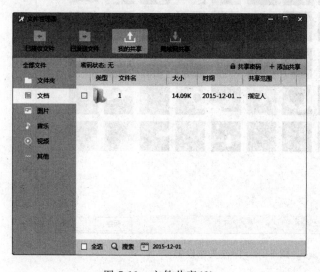

图 7-11 文件共享(2)

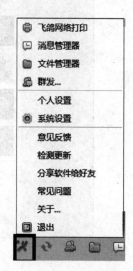

图 7-12 选择操作

步骤2:打开"设置"对话框,选择"个人设置"选项卡,再单击"头像设置"栏右侧的个人头像图标,如图 7-13 所示。

步骤3:打开"头像设置"对话框,在"系统头像"选项卡中选择一张图片作为头像,在左侧的"头像预览"中查看效果,然后单击"保存"按钮,如图 7-14 所示。返回"设置"对话框,头

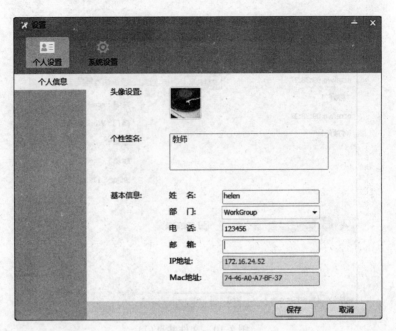

图 7-13　设置个人信息

图 7-14　保存头像设置

像设置成功。

　　步骤 4：在"个性签名"文本框中输入个性签名，在"姓名""部门""电话""邮箱"文本框中输入相应的内容，如图 7-15 所示。

　　步骤 5：选择"系统设置"选项卡，打开"系统设置"面板，其左侧有"启动设置""状态设置""热键设置"等选项卡。选择相应的选项卡，对其进行相关设置。

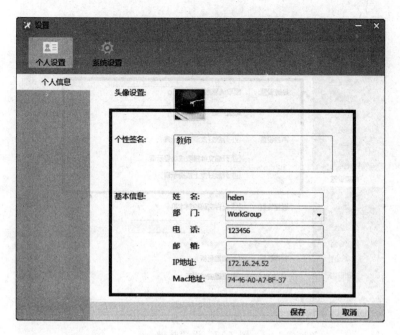

图 7-15　输入个人信息

步骤 6：这里在默认的"启动设置"选项卡"启动设置"栏中单击选中"开机启动"和"启动后主面板最小化"复选框，其他保持默认状态，如图 7-16 所示。

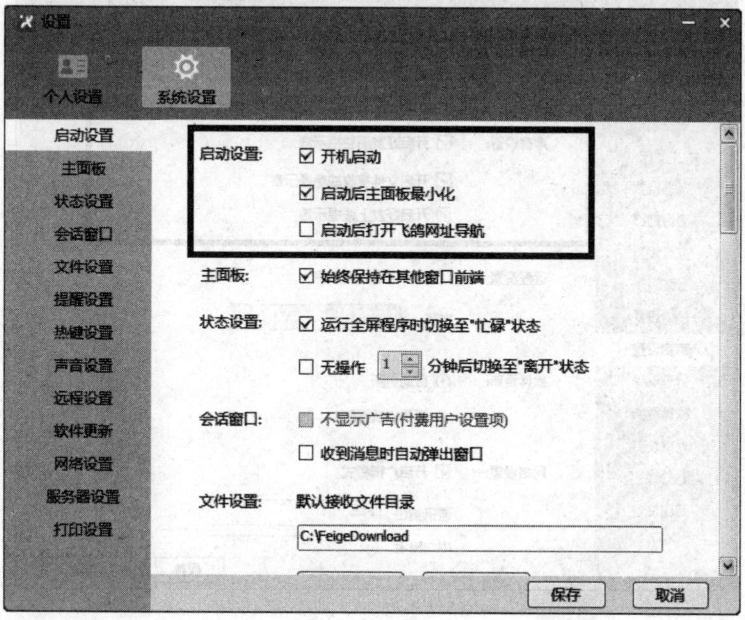

图 7-16　设置启动选项

步骤 7：选择"热键设置"选项卡，将"提取消息热键"和"截图热键"分别设置为 Ctrl+Q 和 Ctrl+A，然后单击选中"开启好友消息提示音"和"开启文件接收成功提示音"复选框，以及"提醒安装更新"单选项，如图 7-17 所示。

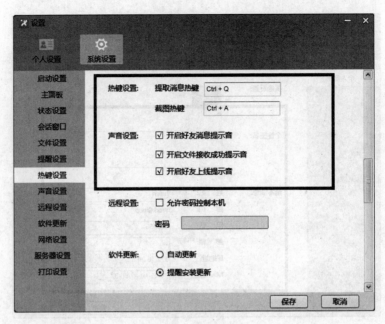

图 7-17　设置热键

步骤 8：选择"声音设置"选项卡，选中"声音设置"栏中所有选项的复选框，然后单击"保存"按钮，如图 7-18 所示，关闭对话框。

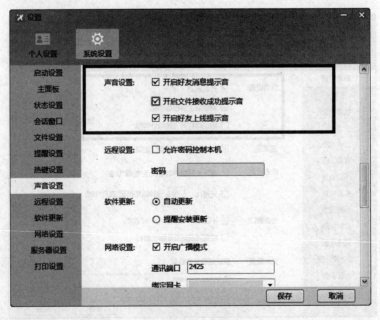

图 7-18　声音设置

 **操作提示**

个人信息中的"IP 地址："和"Mac 地址："文本框中的内容显示为灰色，表示为不可编辑项目。

任务 2　运用百度云网盘传输文件

网盘又称网络 U 盘和网络硬盘,是网络公司推出的在线存储服务,向用户提供文件存储、访问、备份、共享等管理服务。网盘支持独立文件的上传、下载,以及批量文件的上传、下载,还具有无限容量、永久保存等特点。随着网络的发展,网盘的使用将更为广泛。

一、任务目标

本任务的目标是利用百度云网盘上传和下载文件。首先需要登录百度云网盘,然后将本地计算机的文件上传到网盘,或将存放在网盘中的文件下载到本地计算机。

二、相关知识

要使用百度云网盘,必须先申请注册百度账号。一个百度账号可使用大部分百度业务。申请百度账号的方法为:启动浏览器,在地址栏输入网址 http://pan.baidu.com/,按 Enter 键打开网页。在登录界面单击"立即注册百度账号"按钮,如图 7-19 所示,打开"注册百度账号"页面。输入注册信息后,单击选中"阅读并接受《百度用户协议》"复选框,然后单击"注册"按钮,如图 7-20 所示。在新页面中,提示需邮箱激活。单击"立即进入邮箱"按钮,进入注册的邮箱登录界面。登录邮箱后,在收件箱中打开激活邮件,单击邮件中的激活超链接,完成注册。

图 7-19　百度登录界面

图 7-20　注册百度账号

三、任务实施

（一）上传文件

登录百度云网盘，即可在网盘中上传本地计算机终端资料。下面详细介绍在百度云网盘上传文件的操作方法。

步骤 1：启动浏览器，在地址栏输入网址 http://pan.baidu.com/，按 Enter 键打开网页，进入百度云网盘登录界面。输入百度账号和密码，取消选中"下次自动登录"复选框，然后单击"登录"按钮，登录百度云网盘，如图 7-21 所示。

步骤 2：在百度云网盘主页单击"上传文件"按钮，打开"选择要上载的文件"对话框。搜索要上传的文件保存的路径，选择要上传的文件，然后单击"打开"按钮，如图 7-22 所示。

图 7-21　输入登录信息

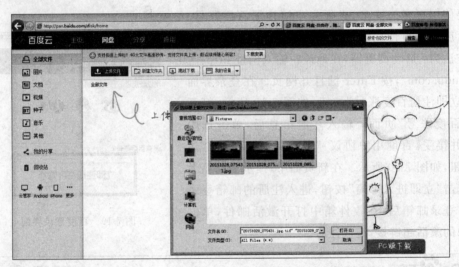

图 7-22　上传文件

步骤 3：返回百度云网盘主页，系统自动上传所选文件，并打开提示对话框，显示上传进度，完成后对话框将自动关闭，网页中间将显示出成功上传的文件，如图 7-23 所示。

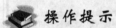 **操作提示**

上传文件时，可以在"选择要上载的文件"对话框中选择多个文件。单击"打开"按钮，实现文件批量上传。

（二）下载文件

将文件上传到网盘后，需要使用时，将网盘内的文件下载到本地计算机。下载百度云网盘文件的操作如下所述。

步骤 1：登录百度云网盘，进入网站网页，在左侧选择"全部文件"选项卡，在中间的文件列表单击选中要下载的文件前的复选框。这里单击选中"资料 01"和"资料 02"文件对应的

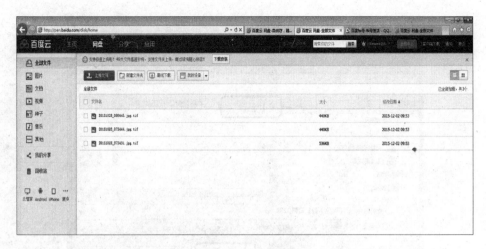

图 7-23 上传完成

复选框,然后单击"下载"按钮。

步骤 2：在浏览器下方打开提示栏,然后单击"保存"右侧的按钮,在下拉列表中选择"另存为",如图 7-24 所示。

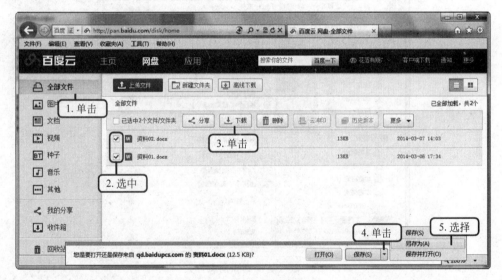

图 7-24 选择下载文件

步骤 3：打开"另存为"对话框,选择文件保存的位置,然后单击"保存"按钮保存文件,如图 7-25 所示。

步骤 4：下载完毕,打开文件保存的文件夹。由于下载时选择了多份文件,系统自动将其以压缩包形式存放在一起。在压缩文件上右击,在弹出的快捷菜单中选择"解压到当前文件夹"命令,如图 7-26 所示。

步骤 5：查看解压后的文件。

步骤 6：返回百度云网盘,单击"离线下载"按钮,在打开的"离线下载任务列表"对话框中单击"新建链接任务"按钮,如图 7-27 所示。

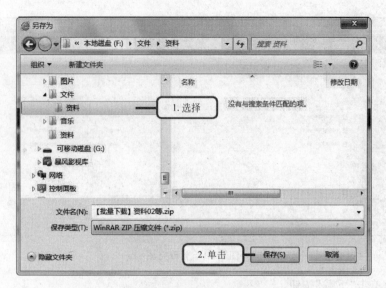

图 7-25　选择文件保存位置

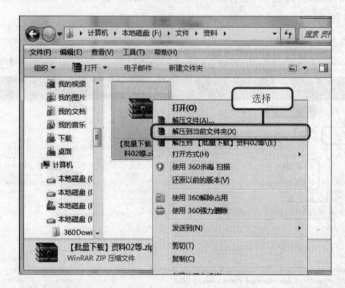

图 7-26　解压到当前文件夹

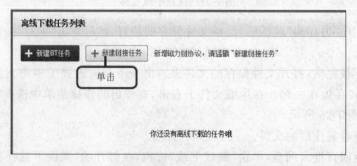

图 7-27　单击"新建链接任务"按钮

步骤 7：打开"新建离线链接任务"对话框，在文本框中复制粘贴要下载文件的地址，然后单击"确定"按钮，如图 7-28 所示。

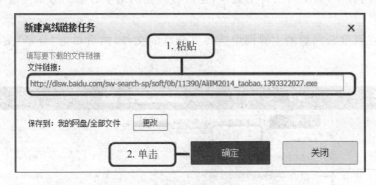

图 7-28　离线下载

步骤 8：返回"离线下载任务列表"对话框，提示文件下载详情，如图 7-29 所示。

图 7-29　下载详情

步骤 9：返回百度云网盘，在网页浏览区显示文件链接对应的文件，如图 7-30 所示。

图 7-30　查看离线下载文件

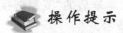 **操作提示**

利用百度云网盘进行离线下载的特别之处在于，即使在下载过程中遇到计算机关闭的情况，百度服务器也会将相关资源自动下载到百度网盘。另外，离线下载时，在文本框中粘贴的网址为文件链接，而非网页的网址。

（三）分享文件

在百度云网盘中，除了对文件下载外，还可直接在网络中分享。分享离线下载的文件的操作如下所述。

步骤 1：在百度云网盘的主界面中选择要分享的文件，然后单击"分享"按钮，如图 7-31所示。

图 7-31　分享文件

步骤 2：打开"分享文件（夹）"对话框，然后单击"创建公开链接"按钮，如图 7-32 所示。

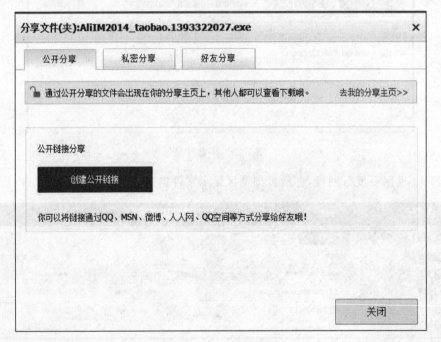

图 7-32　创建好友分享

步骤 3：页面转换，系统自动为该文件生成公开链接。单击文本框后的"复制链接"按钮，将该链接地址复制到剪贴板，然后单击"关闭"按钮，如图 7-33 所示。

步骤 4：将其复制粘贴给朋友后，对方即可通过该链接直接访问分享的文件。

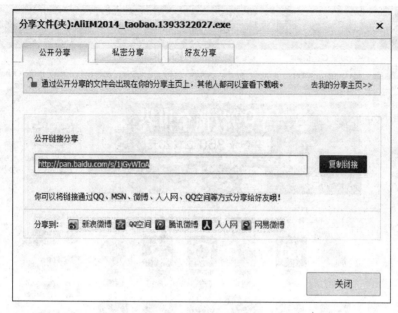

图 7-33　复制链接

任务 3　使用 360 手机助手

对于大多数手机用户来说，找到适合手机直接使用的资源很重要。网上的片源或者音乐很多，但稍有不慎，就可能下载到不良内容，不仅浪费时间，耗费流量，还有可能引来病毒。360 手机助手提供视频、电子书、音乐等娱乐资源的搜索，不仅娱乐应用可以搜索、下载，娱乐资源也可直接观看和下载。

一、任务目标

本任务将练习使用 360 手机助手管理手机中的软件、图片、视频、音乐，包括设置软件和启动项，下载安装，以及图片导出等。通过本任务的学习，掌握 360 手机助手的基本操作，同时对 360 手机助手的功能有一个基本的认识。

二、相关知识

360 手机助手是一款智能手机资源获取平台，如图 7-34 所示。下面介绍其主要功能。

（1）海量资源，一键安装：360 手机助手除自有软件、游戏宝库外，还与多家应用商店合作，提供大量手机资源，不花手机流量，一键下载安装。

（2）绿色无毒，安全无忧：360 手机助手提供的所有信息资源全部经过 360 安全检测中心的审核认证，提供一个最安全、最放心的手机资源获取平台。

（3）应用程序，方便管理：360 手机助手提供应用程序卸载、安装、升级等高效管理。

（4）一键备份，轻松还原：通过 360 手机助手，可以一键备份短信、联系人信息，方便、快捷地进行还原。

（5）便捷的存储卡管理：通过手机助手，可轻松管理存储卡文件，对其执行添加、删除

图 7-34　360 手机助手界面

等操作。

（6）实用工具，贴心体验：快速地添加、删除手机资源，设置来电铃声、壁纸，提供手机截图功能。

（7）手机安全，一键体检：只需单击"一键体检"按钮，便可自动关闭消耗系统资源的后台程序，清理系统运行过程中产生的垃圾文件，扫描并查杀手机里的恶意扣费软件。

三、任务实施

（一）安装 USB 驱动

在使用 360 手机助手时，需要将手机与计算机建立连接，即安装 USB 驱动，具体操作如下所述。

步骤 1：将手机数据线一端与计算机的 USB 接口相连，另一端与手机相连。在手机上打开 USB 调试接口。

步骤 2：单击计算机桌面右下角"显示隐藏的图标"按钮，在打开的面板中单击"360 卫士"图标，如图 7-35 所示，打开 360 安全助手操作界面。

图 7-35　打开 360 安全助手操作界面

步骤 3：单击"手机助手"按钮，如图 7-36 所示。

步骤 4：打开"360 手机助手"对话框，单击左侧"连接手机"按钮，选择用数据线或者扫描二维码进行连接，如图 7-37 所示。

步骤 5：进入"手机助手"界面，其左上角显示手机型号与连接方式，如图 7-38 所示。

图 7-36　启动手机助手

图 7-37　选择手机连接

图 7-38　"手机助手"界面

操作提示

使用手机助手的前提条件是在手机中安装手机助手软件。进入"手机助手"界面,除上述方法外,还可通过以下方式:下载并安装"360手机助手"到计算机,然后在桌面上双击"360手机助手"图标;进入"360手机助手"界面后,左上角显示"尚未连接手机",用数据线将手机与计算机相连,再单击"开始连接"按钮。

(二)管理手机中的软件

通过手机助手,可管理手机中的软件,具体操作如下所述。

步骤 1:单击"我的手机"按钮,界面左侧显示与手机同步。选择"管理预装软件",如图 7-39 所示。

操作提示

此时,如需对手机进行病毒、木马检测,单击"立即杀毒"按钮,然后根据提示完成杀毒操作。

步骤 2:进入"管理您的手机预装软件"界面,"是否开机启动"项中设置启动项;在"操作"项中单击"卸载"按钮,进行卸载操作;或单击"卸载"右侧的按钮,选中弹出的"禁止此软件"项,进行禁止操作,如图 7-40 所示。

步骤 3:单击"找软件"按钮,打开"找软件"操作界面。在"软件首页"选项卡的"特色栏目"栏中找到"360新闻",然后单击其对应的"一键安装"按钮,如图 7-41 所示。

步骤 4:单击界面右下角"下载管理"按钮,打开"下载管理"对话框,显示下载进度。下载完成后,"360新闻"将发送到手机,如图 7-42 所示。

图 7-39 连接到手机

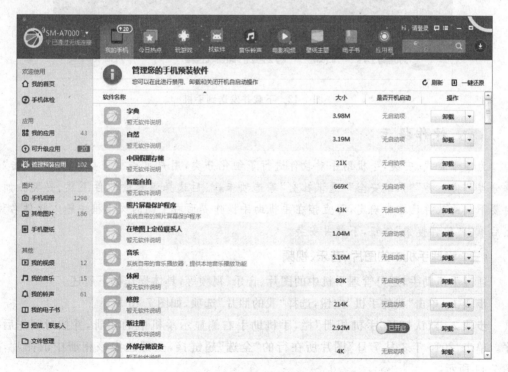

图 7-40 管理预装软件

图 7-41　安装软件

图 7-42　下载并发送到手机

操作提示

为便于查找、安装，手机助手对软件进行了细化分类，用户可根据需要，在右侧单击"软件分类""排行榜""系统安全""通讯社交"等选项卡，然后选择满意的软件下载、安装。如果对要下载的软件已非常确定，可直接在手机助手操作界面右上侧的文本框中输入软件名称，然后单击"软件搜索"按钮，下载并安装。

(三) 管理手机中的图片、音乐、视频

通过手机助手，还可管理手机中的图片、音乐、视频等，具体操作如下所述。

步骤 1：单击"我的手机"按钮，选择"我的照片"选项，如图 7-43 所示。

步骤 2：默认打开"手机相册"栏，手机助手右侧显示手机中的相册，并按时间先后排序。单击"2016 年 3 月 7 日"图片所在行的"全选"超链接，全部选中该相册中的图片，如图 7-44 所示。

图 7-43　管理照片

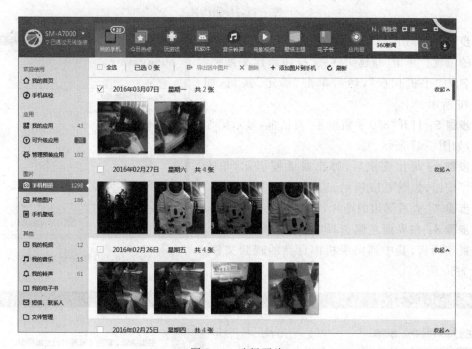

图 7-44　选择照片

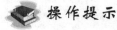 **操作提示**

　　全选图片后,如需取消全选,再次单击"全选"超链接;如需取消选择部分图片,逐个单击图片。

　　步骤 3：在选择的图片上右击，在弹出的快捷菜单中选择"导出"命令，如图 7-45 所示。

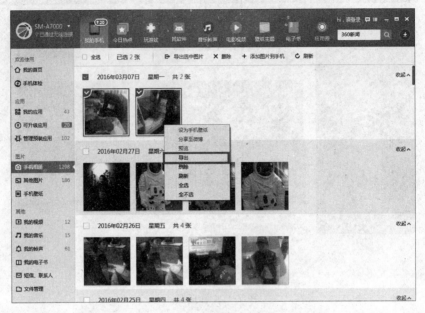

图 7-45　导出图片

　　步骤 4：弹出"浏览文件"对话框，选择要保存图片的位置。单击"新建文件夹"按钮新建文件夹，并命名为"手机相册"，然后单击"确定"按钮，如图 7-46 所示。

　　步骤 5：打开"360 手机助手"对话框，显示操作进度，如图 7-47 所示。

　　步骤 6：导出完成后，弹出对话框提示，单击"查看"按钮，如图 7-48 所示。

　　步骤 7：查看导出的图片，如图 7-49 所示。

　　步骤 8：在界面左侧选择"我的视频"选项卡，打开视频面板，其中列出手机中存储的视频文件，如图 7-50 所示。

图 7-46　设置导出文件夹

图 7-47　显示操作进度

图 7-48　完成导出

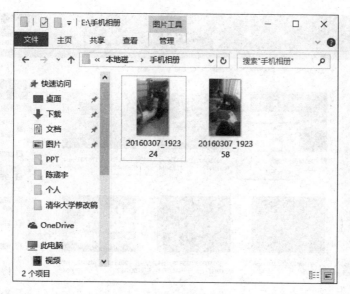

图 7-49 查看图片

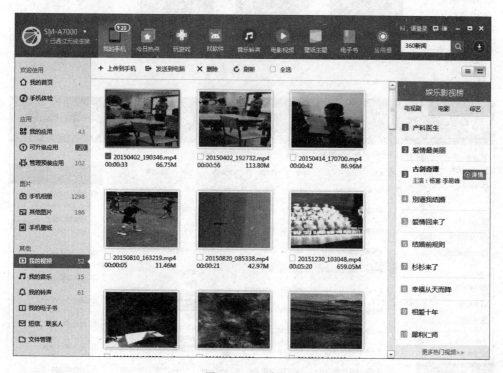

图 7-50 查看视频

步骤 9：在列表中选择需要播放的视频，然后右击，在弹出的快捷菜单中选择"播放"命令，如图 7-51 所示。

步骤 10：在界面左侧选择"我的音乐"选项卡，打开音乐面板，列出手机中存储的音乐文件。

步骤 11：在列表中选择需要删除的音乐文件，然后右击，在弹出的快捷菜单中选择"删除"命令，如图 7-52 所示。

图 7-51　播放视频

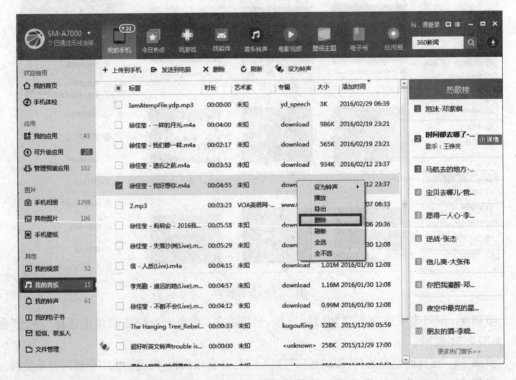

图 7-52　删除文件

步骤 12：弹出"360 手机助手"对话框，单击"确定"按钮，如图 7-53 所示。

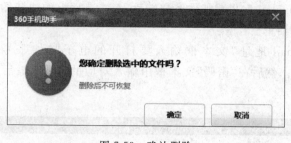

图 7-53 确认删除

任务 4 使用 Foxmail 收发邮件

Foxmail 是由华中科技大学(原华中理工大学)张小龙开发的一款优秀的国产电子邮件客户端软件，通过和 U 盘的授权捆绑，形成"安全邮"和"随身邮"等一系列产品。其中国版使用人数超过 400 万，使用英国版的用户遍布 20 多个国家。Foxmail 名列"十大国产软件"，被太平洋电脑网评为五星级软件。2005 年 3 月 16 日，Foxmail 被腾讯收购，成为腾讯旗下的一个邮箱，域名 Foxmail。Foxmail 可以看作 QQ 邮箱的一个别名，QQ 邮箱用户可以为 QQ 邮箱设置一个 Foxmail 的别名。

一、任务目标

本任务首先创建并登录 Foxmail 账号，然后使用 Foxmail 7.2.0 邮件客户端来接收和发送邮件，并介绍地址簿和管理邮件的相关操作。通过本任务，掌握使用 Foxmail 收发电子邮件的基本操作。

二、相关知识

电子邮件又称 E-mail，它可以快捷、方便地通过网络跨地域传递和接收信息。电子邮件与传统信件相比，主要有以下几个特点。

(1) 使用方便：收发电子邮件都是通过计算机完成的，且收发电子邮件无地域和时间限制。

(2) 速度快：电子邮件的发送和接收通常只需要几秒。

(3) 价钱便宜：电子邮件比传统信件的成本更低。距离越远，越能体现这一优点。

(4) 投递准确：电子邮件按照全球唯一的邮箱地址发送，保证准确无误。

(5) 内容丰富：电子邮件不仅可以传送文字，还可以传送多媒体文件，如图片、音频、视频等。

三、任务实施

(一)创建并设置邮箱账户

邮件客户端是指使用 IMAP/APOP/POP3/SMTP/ESMTP 协议发送电子邮件的软件。用户不需要登录不同的邮件网页，就可以收发邮件。使用 Foxmail 邮件客户端收发电子邮件之前，需要先创建邮箱账号，具体操作如下所述。

  步骤 1：安装 Foxmail 7.2.0 邮件客户端后，双击桌面上的快捷图标，启动该程序软件并打开"新建账号"对话框。

  步骤 2：在"E-mail 地址"文本框输入要打开的电子邮件账号。这里输入 helen_wangfang@126.com。然后在"密码"文本框中输入对应的密码；最后单击"创建"按钮，创建账号，如图 7-54 所示。

图 7-54　创建账号

  步骤 3：设置成功后，单击"完成"按钮，即可使用 Foxmail 邮件客户端登录邮箱，界面如图 7-55 所示。

图 7-55　Foxmail 邮件客户端

  步骤 4：单击主界面右上角的 按钮，在弹出的下拉菜单中选择"账号管理"命令，打开"系统设置"对话框，如图 7-56 所示。

  步骤 5：单击"新建"按钮，打开"新建账号"对话框。按照相同的方法操作，可添加多个电子邮件账号，并依次显示在主界面左侧，方便用户查看。

  步骤 6：在"系统设置"窗口左侧选择要设置的账号，然后在右侧选择"设置"选项卡，设置 E-mail 地址、密码、显示名称、发信名称等，如图 7-56 所示。

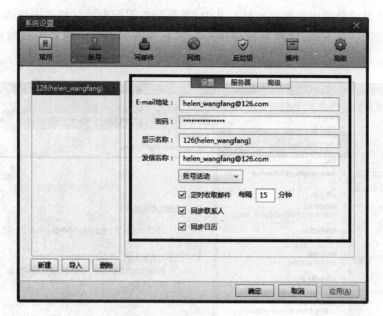

图 7-56　"系统设置"对话框

步骤 7：选择列表下方命令，单击"新建"按钮，打开"新建账号"对话框。依次输入地址和密码，创建一个新的账号，如图 7-57 所示。

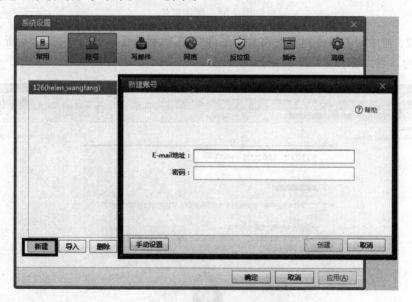

图 7-57　添加多个账号

（二）接收和回复邮件

使用 Foxmail 邮件客户端来接收和发送邮件是最常用的操作。下面使用 Foxmail 7.2.0 接收邮件，并查看已接收邮件的内容，具体操作如下所述。

步骤 1：在打开的 Foxmail 邮件客户端主界面左侧的邮箱列表框中选择要收取邮件的邮箱账号。这里选择 helen_wangfang@126.com，然后选择账号下的"收件箱"选项，此时右侧列表框中将显示邮箱中的所有软件。其中,黑色圆点图标表示该邮件未阅读,白色圆点表示该邮件已阅读。单击邮件"网易邮件中心",其右侧的列表框中将显示该邮件的内容,如图 7-58 所示。

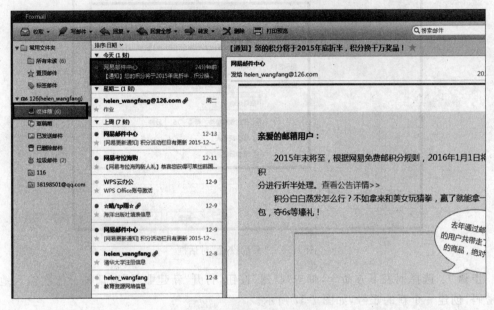

图 7-58　阅读邮件

步骤 2:在中间的邮件列表框中双击邮件"网易邮件中心",打开如图 7-59 所示的窗口,显示邮件的详细内容。

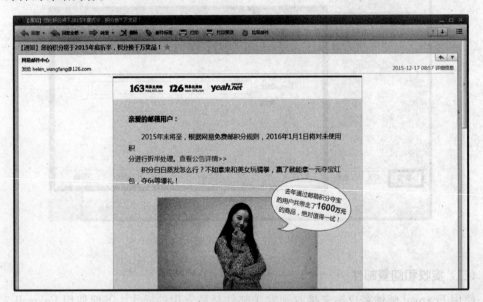

图 7-59　查看邮件的详细内容

步骤 3:完成阅读后,单击工具栏的"回复"按钮进行答复。在打开窗口中,程序自动填写"收件人"和"主题",并在编辑窗口中显示原邮件的内容。根据需要输入回复内容后,单击工具栏"发送"按钮,完成回复邮件的操作,如图 7-60 所示。

图 7-60 回复邮件

步骤 4:如果要将接收的电子邮件转发给其他人,单击工具栏"转发"按钮。在打开的窗口中填入收件人地址后,单击工具栏"发送"按钮,如图 7-61 所示。

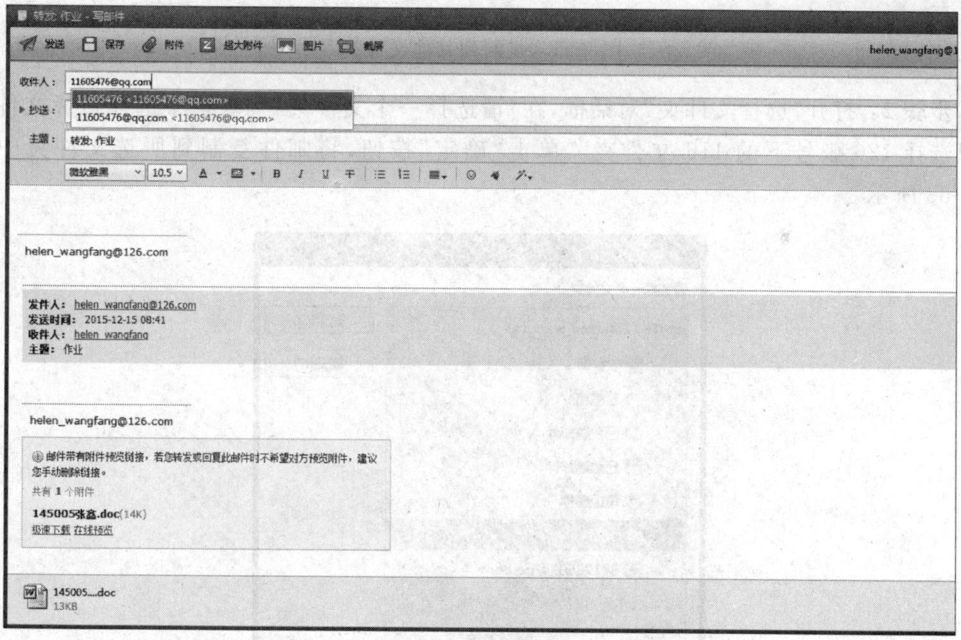

图 7-61 转发邮件

(三) 管理邮件

在 Foxmail 邮件客户端,可以对邮件进行复制、移动、删除、保存等管理操作,使邮件的存放更符合用户的要求,具体操作如下所述。

步骤 1:在 Foxmail 邮件客户端主界面的邮件列表框中选择需复制的邮件。这里选择

"网易邮件中心",然后右击,在弹出的快捷菜单中选择"移动到"→"复制到其他文件夹"菜单命令,如图 7-62 所示。

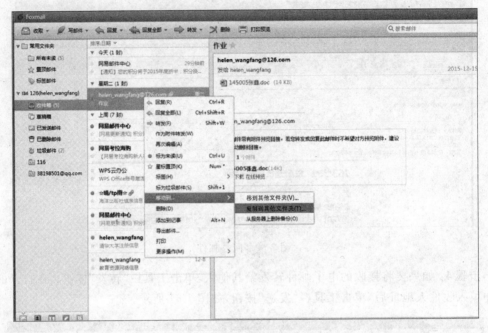

图 7-62　复制到其他文件夹

步骤 2:打开"选择文件夹"对话框,在"请选择一个文件夹"列表框中选择目标文件夹。这里选择 126 账号下的 116 文件夹。单击"确定"按钮,将邮件复制到所选文件夹中,如图 7-63 所示。

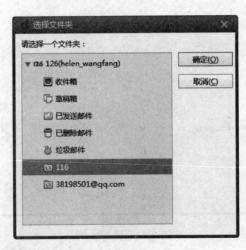

图 7-63　复制到文件夹

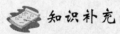知识补充

也可以在 Foxmail 邮件客户端主界面的邮件列表框中选择需复制的邮件后,按住 Ctrl 键不放,拖动鼠标,将其移至 Foxmail 邮件客户端列表框中的目标文件,释放鼠标。

步骤3：在邮件列表框中选择需移动的邮件。这里选择第三个"网易邮件中心"邮件。按住鼠标左键拖曳，当鼠标指针变成"指针"形状时，将其移至目标邮件夹后释放鼠标。这里移至左侧邮箱列表框中 163 账号下的"垃圾邮件"文件夹，如图 7-64 所示。

图 7-64　移动邮件

步骤4：移动完成后，原来的邮件自动消失，如图 7-65 所示。

图 7-65　原始邮件消失

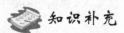 知识补充

在 Foxmail 邮件客户端列表框中选择需移动的邮件，然后右击，在弹出的快捷菜单中选择"移动到"→"移动到其他文件夹"菜单命令，打开"选择文件夹"对话框。在"请选择一个文件夹"列表中选择目标文件夹后，单击"确定"按钮，将该邮件移动到所选文件夹中。

步骤 5：在邮件列表框中选择要删除的邮件，然后按 Delete 键或右击该邮件，在弹出的快捷菜单中选择"删除"命令，如图 7-66 所示，将该邮件移动至邮件列表框中的"已删除邮件"文件夹。

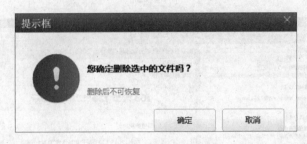

图 7-66　删除文件提示

步骤 6：右击"已删除邮件"文件夹，在弹出的快捷菜单中选择"清空'已删除邮件'"命令，将邮件彻底删除，如图 7-67 所示。

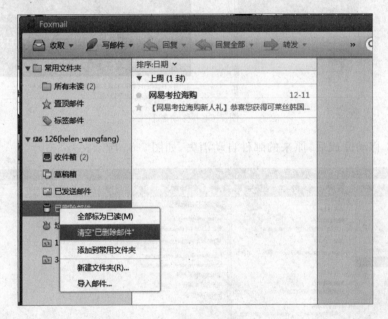

图 7-67　清空"已删除邮件"

（四）使用地址簿发送邮件

Foxmail 邮件客户端提供了功能强大的地址簿，通过它能够方便地管理邮箱地址和个人信息。地址簿以名片的方式存放信息，一张名片对应一个联系人的信息，其中包括联系人姓名、电子邮件地址、电话号码以及单位等内容。可以为需要经常联系的用户专门创建一个组，以便一次性地将邮件发送给组中的所有成员。下面将新建一个联系人，并将所有的同事添加到新组中，然后群发邮件，具体操作如下所述。

步骤 1：在 Foxmail 邮件客户端主界面左侧邮箱列表选择"地址簿"选项卡，切换到"地址簿"界面。

步骤 2：在左侧邮箱列表框中选择"本地文件夹"选项，然后单击界面左上角的"新建联系人"按钮,如图 7-68 所示。

图 7-68　新建联系人

步骤 3:打开"联系人"对话框,其中包括"姓""名""邮箱""电话""附注"5 项。这里输入前 4 项,然后单击"保存"按钮,如图 7-69 所示。若需要填写更多的联系人相关信息,单击"编辑更多资料"超链接,展开对话框,并在相应的选项卡中输入。

步骤 4:单击"新建联系人"按钮右侧的"新建组"按钮,或右击,在弹出的快捷菜单中选择"新建联系人"命令。

步骤 5:打开"联系人"对话框,其中包括"组名"和"成员"两项。这里输入组名"同事",然后单击"添加成员"按钮,如图 7-70 所示。

步骤 6:打开"选择地址"对话框,在"地址簿"列表中显示了"本地文件夹"的所有联系人信息。选择需添加到"同事"组中的联系人,然后单击→按钮或在联系人上双击,右侧的"参与人列表"列表框中自动显示添加的联系人,单击"确定"按钮,如图 7-71 所示。若要移除已添加的成员,选择需移除的联系人,再单击对话框中的"保存"按钮。

步骤 7:返回"联系人"对话框,在"成员"列表框中将显示所添加的联系人。单击"保存"按钮,完成组的创建操作。

步骤 8:成功创建联系人组后,选中同事组,然后单击"写邮件"按钮,如图 7-72 所示,打开"写邮件"窗口,程序将自动添加收件人地址。编辑其他内容,再单击"发送"按钮,可群发邮件。

图 7-69　编辑联系人信息

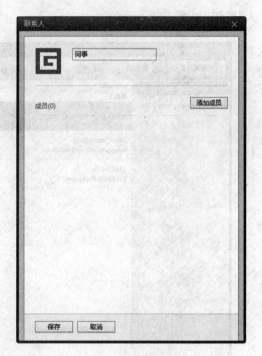

图 7-70　创建"同事"组

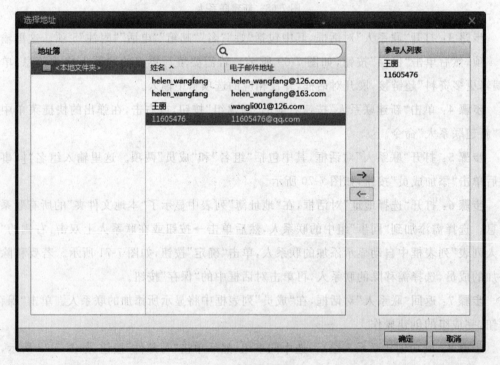

图 7-71　添加成员

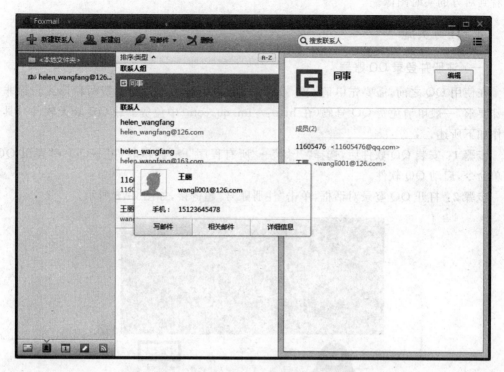

图 7-72 添加成员完成

知识补充

右击可快速将收件箱中的联系人添加到地址簿中,方法为:在选择的邮箱上右击,然后在弹出的快捷菜单中选择"更多操作"→"将发件人添加到地址簿"菜单命令,再在弹出的子菜单中选择地址簿文件夹。

任务 5　使用腾讯 QQ 即时通信

腾讯 QQ(简称 QQ)是腾讯公司开发的一款基于 Internet 的即时通信软件。QQ 支持在线聊天、视频聊天、语音聊天、点对点断点续传文件、共享文件、网络硬盘、自定义面板、QQ 邮箱等多种功能,并可与移动通信终端等多种通信方式相连。QQ 有上亿在线用户,最高在线人数超过 1 亿,是中国目前使用广泛的即时通信软件之一。

一、任务目标

本任务首先通过 QQ 登录窗口注册并登录 QQ 账号,然后通过"查找"按钮添加好友,再与好友交流信息和传送文件。通过本任务的学习,掌握使用 QQ 即时通信的操作方法。

二、相关知识

即时通信软件是一种基于 Internet 的即时交流软件,最初是由三位以色列人开发的,命名为 ICQ,也称网络寻呼机。这类软件使 Internet 在线用户之间可以交谈,甚至可以通过视频看到对方的实时图像。

三、任务实施

（一）注册并登录 QQ 账号

在使用 QQ 之前，需要先申请 QQ 号码。QQ 号码分为付费和免费两种形式。除非有特殊要求，一般申请免费 QQ 号码（在 http://im.qq.com/中免费下载 QQ 聊天软件），具体操作如下所述。

步骤 1：安装 QQ 软件后，选择"开始"→"所有程序"→"腾讯软件"→QQ→"腾讯 QQ"菜单命令，启动 QQ 软件。

步骤 2：打开 QQ 登录对话框，单击"注册账号"超链接，如图 7-73 所示。

图 7-73　注册账号

步骤 3：打开"QQ 注册"网页，在其左侧选择由数字组成的"QQ 账号"，也可以选择绑定手机号码的"手机账号"或绑定邮箱的"邮箱账号"。这里选择"QQ 账号"选项卡。切换到对应的内容，填写申请人资料，如图 7-74 所示，然后单击网页下方的"立即注册"按钮，完成注册。

步骤 4：打开申请成功网页，查看申请的 QQ 账号，如图 7-75 所示。

步骤 5：返回"QQ 登录"对话框，输入申请的账号和密码，然后单击"登录"按钮。登录后，可以添加好友。通常 QQ 窗口如图 7-76 所示。

（二）添加好友

用户拥有 QQ 号码后，就可以登录 QQ，添加聊天好友，具体操作如下所述。

步骤 1：登录 QQ 后，单击窗口下方的"查找"按钮，打开"查找"对话框。单击上方的"找人"选项卡，切换到相应的内容，如图 7-77 所示。

步骤 2：在"关键词"文本框中输入好友 QQ 账号，然后单击"查找"按钮，通过精确查找的方式找到好友账号。单击该账号的头像或名字，查看好友的详细信息，如图 7-78 所示。若不需要查看好友资料，直接单击"＋好友"按钮。

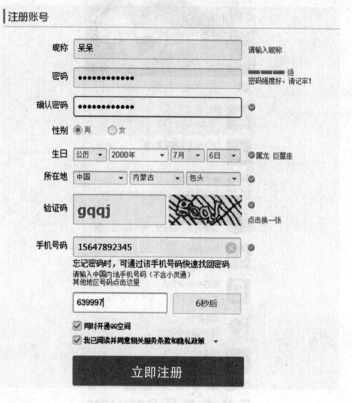

图 7-74　填写申请人资料

图 7-75　申请成功

图 7-76　QQ 窗口

图 7-77　找人界面

图 7-78 输入关键字

步骤 3：打开"添加好友"对话框，在"请输入验证信息"文本框中输入验证信息，如图 7-79 所示。单击"下一步"按钮，在"备注"文本框中输入备注，然后单击"分组"列表框右侧的下拉按钮▼，在弹出的下拉列表中选择"同事"选项，如图 7-80 所示。

步骤 4：单击"下一步"按钮，向好友发送"好友验证"。然后，单击"完成"按钮，关闭对话框。

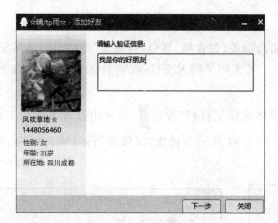

图 7-79 输入验证消息

图 7-80 修改备注和分组

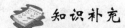 知识补充

单击 QQ 登录窗口"状态"按钮，在弹出的下拉列表中有 6 种登录状态可供选择，包括"我在线上""Q 我吧""离开""忙碌""请勿打扰"和"隐身"。

步骤 5：待通过好友的信息验证后，单击 QQ 窗口"朋友"栏，在展开的列表中查看添加的好友。

（三）交流信息

添加 QQ 好友后，便可通过 QQ 与好友聊天。聊天功能是 QQ 软件中使用最频繁的。聊天时，还可设置文字格式或添加 QQ 表情等。下面首先使用 QQ 进行文字聊天，然后进行视频聊天，具体操作如下所述。

步骤 1：在 QQ 窗口中双击好友头像，打开聊天窗口。在窗口下方的文本框中输入聊天内容,然后单击"发送"按钮,或按 Ctrl＋Enter 组合键,如图 7-81 所示。

步骤 2:在聊天窗口的上方将显示发送的文字信息,如图 7-82 所示。

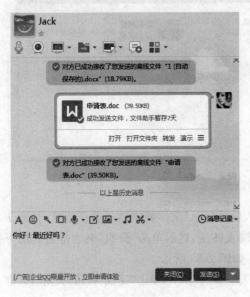

图 7-81　聊天输入

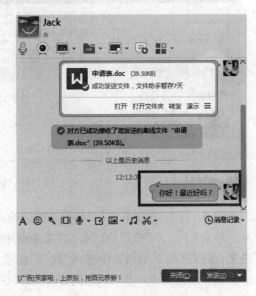

图 7-82　显示聊天内容

步骤 3:当好友回复信息后,音频输出设备(如音箱、耳机)将发出"嗒嗒"声,且回复的信息显示在聊天窗口上方,如图 7-83 所示。若关闭了聊天窗口,收到消息时,任务栏右下角会不停闪动该好友的头像,作为提示。

步骤 4:单击输入文本框上方的"字体选择工具栏"按钮 A,将弹出设置字体的工具栏,用于设置字体外观、大小、字形等格式。图 7-84 所示为设置"汉仪蝶语体(简),14 号,倾斜"字体效果。

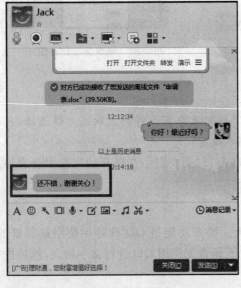

图 7-83　显示回复的信息

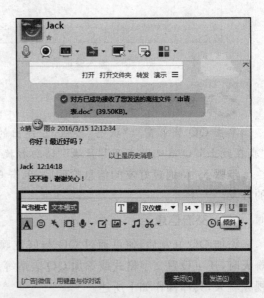

图 7-84　设置字体类型

步骤 5：单击"选择表情"按钮，弹出如图 7-85 所示的 QQ 表情列表框，选择与内容相符的表情添加到文本框中，与文字一起发送，如图 7-86 所示。

图 7-85　添加表情

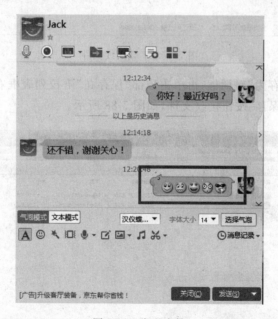

图 7-86　发送表情

步骤 6：单击对话框左上方的"开始视频通话"按钮，打开"视频通话"窗口。等待的同时，向好友发送视频邀请。当好友单击"接受"按钮接受视频邀请后，可通过视频直接交流。

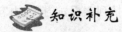知识补充

单击对话框左上方的"开始语音通话"按钮,与好友语音交流。它和视频通话的区别是没有图像,所以占用的网络资源和计算机内存更少,适合没有摄像头或不能使用视频的环境。

(四) 收发文件

QQ 除了用于聊天之外,还可以使用"文件助手"收发小文件,具体操作如下所述。

步骤 1:单击 QQ 主界面窗口下方的"文件助手"按钮,打开"文件助手"对话框。

步骤 2:选择左侧"网络文件"类别下的"离线文件"选项卡,右侧切换到相应的内容。查看并选择需要下载的文件,然后单击"下载"超链接,如图 7-87 所示。

图 7-87　下载离线文件

步骤 3:打开"另存为"对话框,再单击顶部"保存在"下拉列表框右侧的下拉按钮,设置保存位置,然后单击"保存"按钮接收文件,如图 7-88 所示。

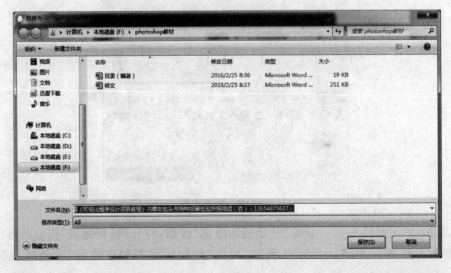

图 7-88　"另存为"对话框

步骤4：在 QQ 窗口中双击好友头像，打开与好友聊天的窗口，回复信息后，单击"传送文件"按钮，再在弹出的下拉列表中选择"发送文件/文件夹"选项，如图 7-89 所示。

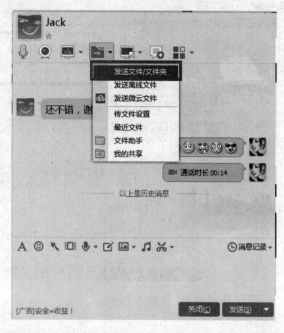

图 7-89　发送文件

步骤5：打开"选择文件/文件夹"对话框，在"查找范围"列表框中选择文件所在文件夹的位置，在对话框中选择要传送的文件，然后单击"发送"按钮，如图 7-90 所示。

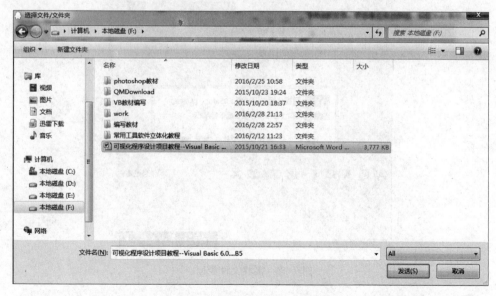

图 7-90　"选择文件/文件夹"对话框

步骤6：返回聊天窗口并打开右侧的"传送文件"对话框，如图 7-91 所示。待好友单击"接收"超链接后，如图 7-92 所示，便能完成文件传送。

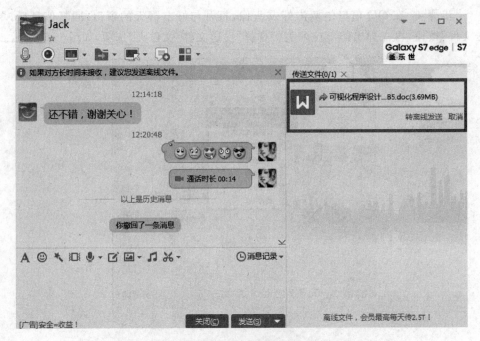

图 7-91　传送文件界面

图 7-92　接收文件界面

知识补充

　　如果好友不在线上，无法单击"接收"或"另存为"超链接回应操作，可单击进度条下方的"转离线发送"超链接，将要传送的文件上传至服务器暂时保存。好友下次登录QQ时，系统自动以消息的方式提示。只需单击消息图标,打开聊天窗口,再单击其中的超链接,即可接收文件;也可以通过"文件助手"下载离线文件。

实训1　使用飞鸽传书发送并接收文件

【实训要求】

本实训使用飞鸽传书发送带有文件的信息并接收。通过本实训的操作,掌握使用飞鸽传书与同事沟通及发送文件的方法。

【实训思路】

在实训过程中需要注意,接收文件时,如需更改默认保存位置,单击"另存为"超链接。这里保持默认位置,直接单击"接收"超链接,仅用几秒就发送了一个几十兆字节的文件。

【步骤提示】

步骤1:登录飞鸽传书,在飞鸽传书窗口中双击接收消息的用户。
步骤2:输入需发送的消息,按 Enter 键发送。
步骤3:查看并回复对方的消息。
步骤4:单击"发送文件/文件夹"按钮,打开"发送文件/文件夹"对话框。找到需要传送的文件位置,然后单击"发送"按钮,传送文件。
步骤5:单击"接收"超链接,接收文件。

实训2　运用百度云网盘上传并下载文件

【实训要求】

本实训使用百度云网盘上传文件并下载。通过本实训的操作,进一步巩固使用百度云网盘的基本知识。

【实训思路】

用户可以尝试将计算机中的文件上传至百度云网盘,再利用百度云网盘下载之前保存的文件到计算机中。

【步骤提示】

步骤1:进入百度云网盘的登录界面,登录百度云网盘。
步骤2:在百度云网盘主页单击"上传文件"按钮,打开"选择要上载的文件"对话框。打开要上传的文件保存的路径,选择需要上传的文件,然后单击"打开"按钮。
步骤3:系统自动上传所选文件,并打开提示对话框,显示上传进度。完成后,对话框自动关闭,网页中将列出成功上传的文件。

步骤 4：进入网站主页，在左侧选择"全部文件"选项卡，在文件列表中单击选中要下载的文件前对应的复选框，然后单击"下载"按钮。

步骤 5：在浏览器下方打开提示栏，然后单击"保存"按钮右侧的按钮，在下拉列表中选择"另存为"选项。

步骤 6：打开"另存为"对话框，选择文件保存的位置后保存。

步骤 7：下载完成后，打开保存文件的文件夹。由于下载时选择了多份文件，系统自动将其以压缩包形式存放在一起。

步骤 8：在压缩文件上右击，在弹出的快捷菜单中选择"解压到当前文件夹"命令。

实训 3　接收好友的邮件并回复

【实训要求】

本实训使用 Foxmail 邮件客户端来接收好友的邮件并回复。通过本实训的操作，巩固使用 Foxmail 邮件客户端收发电子邮件的方法。

【实训思路】

本实训使用 Foxmail 邮件客户端收发邮件。先创建并登录 Foxmail 邮件客户端邮箱，然后在收件箱中查看邮件，并通过"回复"按钮回复该邮件，最后将邮件通过地址簿转发给"同事"组中的成员。

【步骤提示】

步骤 1：创建并登录 Foxmail 邮件客户端，然后选择邮箱账号下的"收件箱"选项，接收邮件。单击未读邮件，在右侧查看邮件内容。

步骤 2：单击顶部的"回复"按钮，回复该邮件。

步骤 3：回到主界面，单击"转发"按钮，打开"转发"窗口。先编辑要发送的内容，然后单击"收件人"文本框中的"添加"按钮。

步骤 4：打开"选择地址"对话框，将"同事"组通过→按钮添加到"发件人"文本框，然后单击"确定"按钮，完成设置。

实训 4　使用 QQ 与好友聊天

【实训要求】

本实训使用聊天工具软件 QQ 与好友聊天。通过本实训的操作，熟悉聊天软件，巩固聊天工具软件的使用方法。

【实训思路】

本实训先以"隐身"状态登录到 QQ 主界面，然后与好友进行文字聊天，最后单击"开始语音通话"按钮开启语音通话。

【步骤提示】

步骤 1：双击桌面的快捷图标，打开 QQ 登录窗口。

步骤 2：单击头像右下角的"我在线上"图标，在弹出的快捷菜单中选择"隐身"命令。

步骤 3：输入账号和密码登录 QQ，然后双击好友头像，并在聊天窗口中输入文字。

步骤 4：发送聊天信息，然后单击"开始语音通话"按钮。

步骤 5：等待好友接受请求后，开始语音通话。

常见疑难解析

问：在飞鸽传书上，能够像腾讯 QQ 一样发送表情或者字体设置吗？

答：可以。发送表情的操作方法为：在会话窗口中单击"表情"按钮，打开"表情"选项卡，选择表情符号后按 Enter 键发送；设置字体的操作方法为：单击 A 按钮，打开"字体"对话框，设置字体、颜色、大小等。

问：在百度云网盘中能直接上传文件夹吗？

答：不能。百度云网盘只能上传单个文件。如需上传整个文件夹，需将其打包为压缩文件后方可上传。

问：除了 Foxmail 之外，还有其他同类软件吗？

答：世界上有很多著名的邮件客户端。国外客户端主要有 Windows 自带的 Outlook、Mozilla Thunderbird、The Bat!、Becky!、Outlook 的升级版 Windows Live Mail；国内客户端有 DreamMail 和 KooMail。

问：登录 Foxmail 邮件客户端只需要输入一次账号和密码，以后双击快捷图标，便可自动登录。为什么 QQ 不行？

答：QQ 的自动登录需要自行设置。打开 QQ 的登录窗口输入账号和密码，此时，先单击选中"记住密码"和"自动登录"复选框，再单击"登录"按钮，即可在下次登录时实现账号自动登录。

问：使用 QQ 聊天时，拼音打字速度太慢。有没有什么办法可以解决？

答：除了语音通话之外，可以通过聊天窗口输入文本框上方的"语音消息"按钮传送较短的录音，还可以通过"多功能辅助输入"按钮选择手写输入或语音识别输入进行聊天。

问：怎样查看聊天的历史记录？

答：单击聊天窗口输入文本框上方的"消息记录"按钮，在聊天窗口右侧将打开"信息记录"对话框，用于查看聊天的历史记录。

拓展知识

（1）在没有 USB 线的情况下下载信息时，以前只能把存储卡拔下来，用读卡器来连接计算机下载。随着无线网络的普及，以及智能无线设备的问世，现在可以采用 360 手机助手无线连接，操作方法为：打开 360 手机助手，在界面左上角显示尚未连接手机。单击"开始连接"按钮，打开"手机助手"对话框，然后选择"无线网络连接"选项卡，再根据提示，在手机上完成相应的操作。

注意：无线终端（智能手机、平板电脑等）及计算机都需要安装 360 手机助手，并确保手机和计算机共用一个无线网络。

在手机上打开 360 手机助手，然后进入"更多"页面，可获取无线连接号。

（2）即时通信软件 MSN。除了腾讯 QQ，MSN 也是一款使用广泛的即时通信软件。MSN 全称 Microsoft Service Network（微软网络服务），是 Microsoft 公司推出的即时通信软件，用于与亲人、朋友、工作伙伴实现文字聊天、语音对话、视频会议等即时交流，还可以用来查看联系人是否联机，其主要功能与 QQ 完全相同。MSN 简洁的界面和更小的内存占用更受办公人员的青睐。MSN 的最新版本是 Windows Live Messenger。

（3）Microsoft Office Outlook。Microsoft Office Outlook 是 Windows 操作系统的一个收、发、写、管理电子邮件的自带软件，是 Microsoft Office 套装软件的套件之一。它扩充了 Windows 自带的 Outlook Experss 的功能，使用它收发电子邮件十分方便。如果使用其他邮箱，通常在网站注册了邮箱之后，要收发电子邮件，必须登录该网站，进入电子邮件网页，输入账户名和密码后，完成电子邮件的收、发、写操作。

课后练习

（1）登录百度账号，然后上传名为"参考资料"的压缩文件到百度云网盘，并在网络中分享上传文件。

（2）利用数据线连接手机与计算机，使用 360 手机助手下载并安装"QQ 微信"。

（3）创建并登录 Foxmail 邮件客户端，完成以下操作。

① 选择"收件箱"选项，接收并查看邮件内容。

② 将所有发送邮件的地址设置成"联系人"，然后添加到"朋友"组中。

③ 向"朋友"组中的成员群发邮件。

④ 清空邮箱。

（4）登录 QQ 账号，完成以下操作。

① 使用 QQ 主界面窗口下方的"查找"按钮查找并添加在线好友。

② 双击好友头像，进入聊天窗口，向好友发送消息，并邀请好友视频通话。

③ 向好友发送离线文件。

项目 8

智能办公工具

小王：小张,我的计算机里的 Office 办公组件不能正常启动了,怎么办?

小张：小王,你可以使用 WPS 轻办公集成的网络办公软件暂时代替 Office 办公组件,或者在手机上下载 WPS Office 移动版进行文档处理。

小王：哇! 真的行吗? 手机也能进行文档处理? 太神奇了! 还有个问题,文档中的这个公式怎么输入?

小张：这个不难,等你的 Office 组件恢复正常后,只需要使用数学公式编辑器 MathType 便可轻松插入了。

小王：原来如此,比我想象的简单多了。

- 掌握使用 WPS 轻办公编辑文档的操作方法。
- 掌握使用金山 WPS Office 移动版的操作方法。
- 掌握使用数学公式编辑器 MathType 的操作方法。

- 能使用 WPS 轻办公进行办公。
- 能使用金山 WPS Office 移动版进行办公。
- 能使用数学公式编辑器 MathType 插入公式。

任务 1 使用 WPS 轻办公

使用金山公司旗下的云储存服务 WPS 轻办公,可以在不需要安装相关办公软件的情况下,实现网上办公。

一、任务目标

本任务首先使用电子邮件地址申请并登录 WPS 轻办公,然后使用 WPS 轻办公分别创建并编辑 Word 文档、Excel 电子表格、PPT 演讲文稿,最后对 WPS 轻办公中的文件夹进行文件管理。

二、相关知识

WPS 轻办公是一种 Web 服务平台,金山公司的服务器通过互联网向用户的计算机等终端提供包括个人网站设置、电子邮件、即时消息、检索等与互联网有关的多种应用服务。所有服务均免费提供。

三、任务实施

(一)申请并登录 WPS 轻办公

想使用 WPS 轻办公,必须先登录。下面将通过网站申请一个 WPS 轻办公,然后登录,具体操作如下所述。

步骤 1:启动 IE 浏览器,在网址文本框中输入 https://qing.wps.cn/。打开网页后,单击右上角的"注册"超链接。或打开 WPS 轻办公登录界面,然后单击"立即注册"超链接,如图 8-1 所示。

图 8-1　WPS 轻办公的登录界面

步骤 2:打开"注册-WPS 账号"网页,在对应的文本框中输入个人信息。确认无误后,输入验证码,并单击"注册"按钮,如图 8-2 所示。

步骤 3:注册成功,系统将自动登录轻办公,并打开轻办公主页,如图 8-3 所示。

图 8-2 输入注册信息

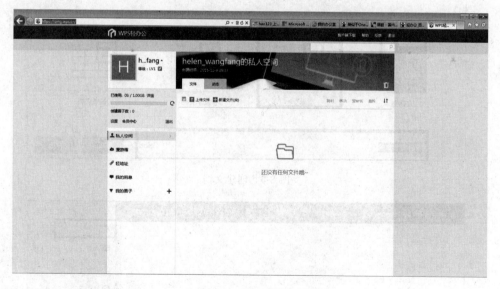

图 8-3 轻办公主页

（二）创建并编辑 Office 文档

下面将使用轻办公先创建一个"文字文档"空白文档,在其中编辑"欢迎"文本;接着创建一个"表格文档"空白文档,在其中编辑"生产统计表"电子格式;最后创建一个"演示文档"空白文档,在其中编辑"市场营销培训"演讲文稿,具体操作如下所述。

步骤 1：轻办公创建文档界面，如图 8-4 所示。

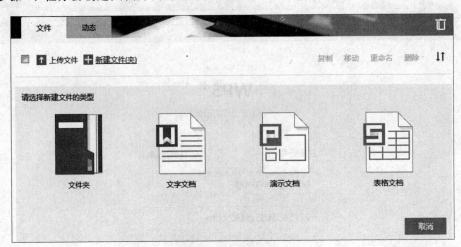

图 8-4　轻办公创建文档界面

　　步骤 2：单击"文字文档"超链接图标，在下方输入文档名，如图 8-5 所示，进入轻办公创建文档界面，如图 8-6 所示。

图 8-5　创建文档

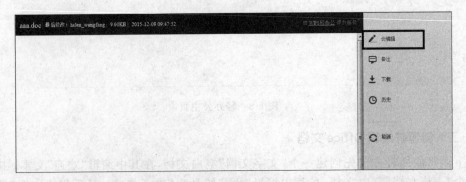

图 8-6　创建文档

步骤3：单击"云编辑"，进入文档编辑界面。WPS轻办公中的文字文档界面和金山文字界面相似，如图8-7所示。

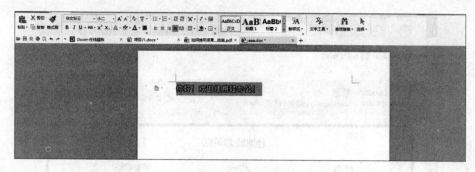

图8-7　编辑文档

步骤4：在文档中输入要插入的内容，然后拖动鼠标选择文本。通过"字体"命令，将字体设置为"华文雅黑，16号，加粗"。编辑效果如图8-8所示。

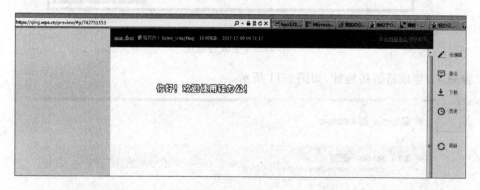

图8-8　文档效果

步骤5：选择"文件"→"另存为"命令，在右侧单击"下载"按钮，如图8-8所示，通过IE下载器将文档下载到计算机中，如图8-9所示。

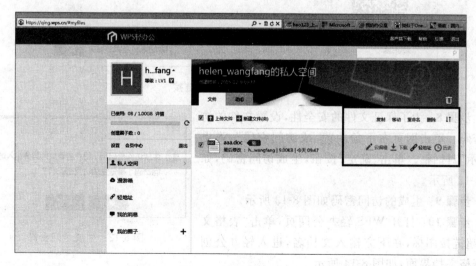

图8-9　保存"通知"文档

步骤 6：为了随时随地查看网页上的文件，需生成一个轻地址。单击网页右上角"轻地址"超链接图标，如图 8-10 所示。

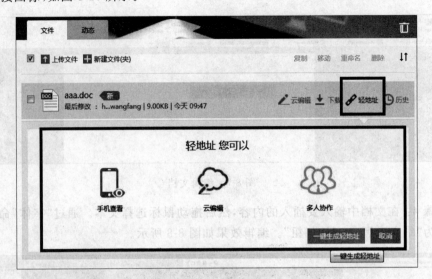

图 8-10　生成轻地址

步骤 7：生成超链接地址，如图 8-11 所示。

图 8-11　生成轻地址链接

步骤 8：为了保证文件的安全性，设置文件的访问密码。单击网页右下角的"生成访问密码"，弹出"提示"对话框。单击"确定"按钮，生成访问密码，如图 8-12 所示。

步骤 9：生成的访问密码如图 8-13 所示。

步骤 10：打开 WPS 轻办公网页，单击"表格文档"超链接图标，在下方输入文档名，进入轻办公创建表格文档界面，如图 8-14 所示。

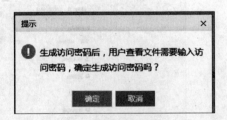

图 8-12　生成访问密码

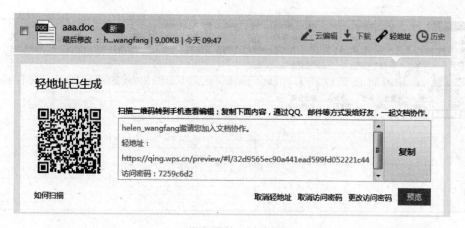

图 8-13　生成的访问密码

图 8-14　新建工作表并输入数据

步骤 11：打开电子表格编辑界面，如图 8-15 所示。在表格中输入具体的内容，如图 8-16 所示。

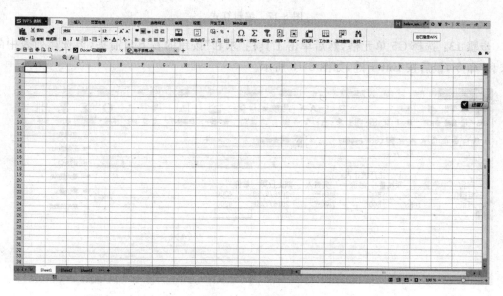

图 8-15　打开云编辑

图 8-16 编辑表格

步骤 12：在 G3 单元格单击，并输入＝C3＊D3，编辑该单元格的公式，如图 8-17 所示。

图 8-17 编辑算式

步骤 13：选择 G5 单元格，然后单击工具栏"求和"按钮的右下角箭头，再选择列表中的"求和"命令，最后按 Enter 键，如图 8-18 所示。

图 8-18 插入函数

步骤 14：单元格 G5 中显示插入的公式如图 8-19 所示。

Docer-在线模板
电子表格.xls *
=SUM(G3:G4)
生产统计表
采摘量 单价 负责人 截止日期 总价
500 8 张三 2015/7/30 4000
600 7 张三 2015/7/31 4200
总价 =SUM(G3:G4)
SUM (数值1, ...)

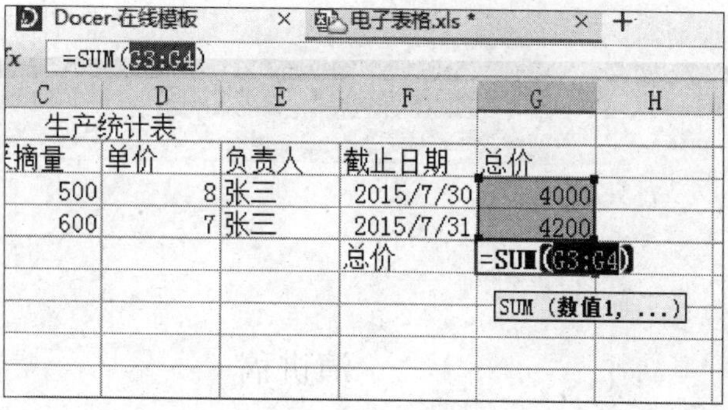

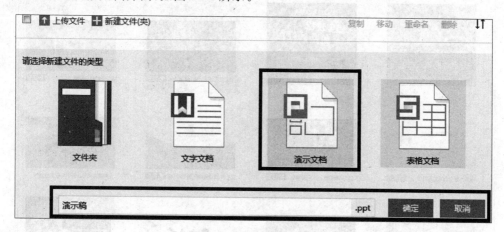

图 8-19 插入公式结果

步骤 15：完成编辑后，预览结果如图 8-20 所示。

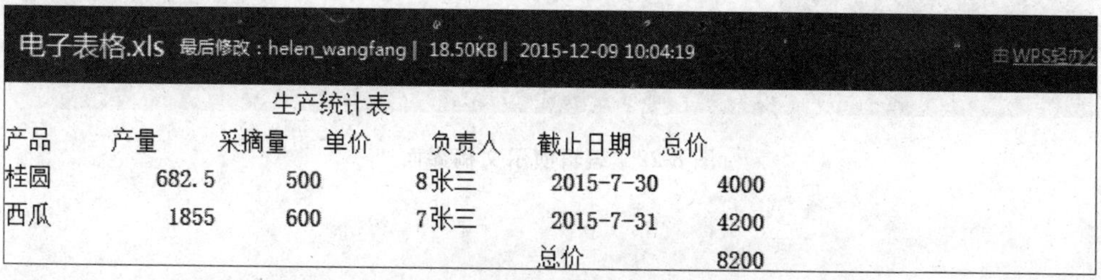

电子表格.xls 最后修改：helen_wangfang | 18.50KB | 2015-12-09 10:04:19
生产统计表
产品 产量 采摘量 单价 负责人 截止日期 总价
桂圆 682.5 500 8张三 2015-7-30 4000
西瓜 1855 600 7张三 2015-7-31 4200
总价 8200

图 8-20 编辑效果

步骤 16：打开 WPS 轻办公网页，单击“演示文稿”超链接图标，在下方输入文档名，进入轻办公创建表格文档界面，如图 8-21 所示。

上传文件
新建文件(夹)
复制
移动
重命名
删除
请选择新建文件的类型
文件夹
文字文档
演示文档
表格文档
演示稿
.ppt
确定
取消

图 8-21 新建演示文档

步骤 17：单击“确定”按钮，打开演示文稿编辑界面，如图 8-22 所示。

步骤 18：编辑演示文稿。可以选择在线模板，以便编辑。选择“在线模板”选项卡，如图 8-23 所示。

步骤 19：打开模板，输入内容，然后预览结果，如图 8-24 所示。

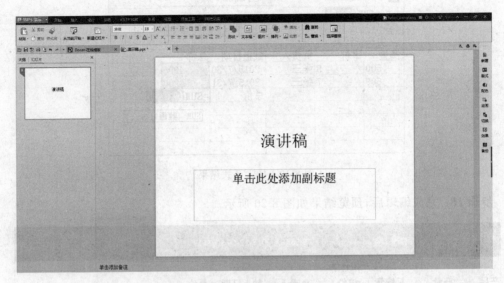

图 8-22 编辑演示文稿界面

图 8-23 在线模板

图 8-24 编辑后界面

任务 2 金山 WPS Office 移动版

WPS Office 是金山软件公司的一款办公软件套装,可以实现最常用的文字、表格、演示等功能,最初出现于 1989 年。Windows 系统在中国流行以前,磁盘操作系统盛行的年代,WPS 是当时最流行的文字处理软件,市场占有率一度超过 90%。

一、任务目标

本任务先使用 WPS Office 移动版创建并编辑 Word 文档,再打开并编辑 Excel 电子表格,最后创建并编辑演示文稿。通过本任务的学习,掌握 WPS Office 移动版的操作方法。

二、相关知识

金山 WPS Office 移动版是运行于安卓平台上的全功能办公软件。该软件主要有以下几个特点。

(1)提供包括常用的文字编辑、格式处理以及表格、图片对象编辑等功能,且永久免费。

(2)体例轻巧,运行稳定,强大的邮件集成让用户轻松编辑并发送邮件。

(3)完全兼容桌面办公文档,支持 DOC、DOCX、WPS、XLS、XLSX、PPT、PPTX、TXT、PDF 等 23 种文件格式。内置文件管理器,便于用户更加便捷地管理文档。

(4)支持访问金山快盘、Google Drive、WebDAV 协议的云存储服务,可以对云存储上的文件实现快速查看和编辑。

三、任务实施

（一）创建并编辑 Word 文档

使用金山 WPS Office 移动版创建并编辑"事假请假条"文档，具体操作如下所述。

步骤1：单击 WPS Office 图标，启动金山 WPS Office 移动版程序。

步骤2：单击顶部的"新建"按钮，在下方的功能条中单击"新建"按钮，如图 8-25 所示。

图 8-25　创建文档

步骤3：打开 Word 文档，输入"事假请假条"文本内容，如图 8-26 所示。

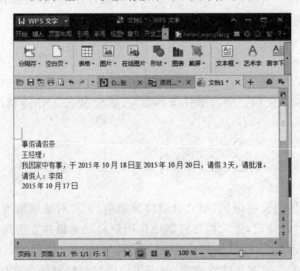

图 8-26　输入文本

　步骤4：双击"事假请假条"文本，选择该文本的同时，周围自动显示快捷功能浮动条。
单击顶部的"编辑"按钮，在下方的功能条中单击"段落"按钮，在弹出的列表框中单击"居中"

按钮,如图 8-27 所示。

图 8-27　设置标题居中

步骤 5:单击功能条的"字体"按钮,在弹出的列表框中连续单击"字体放大"按钮,直到合适大小,再单击其右侧的"加粗"按钮。

步骤 6:单击正文文本前的空白区域,将光标插入点定位到正文前,然后单击功能条中的"段落"按钮,再单击"段落布局"按钮,系统将自动框选正文文本,并在文本前显示一个"浮标"图标。按住该浮标,根据功能条下方显示的标尺向右拖曳两个字符的位置,如图 8-28 所示。

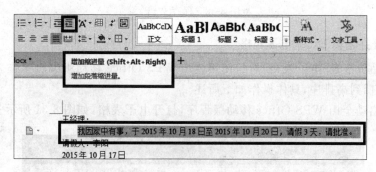

图 8-28　设置段前空格

步骤 7:双击"请假人"文本,按住在该文本右侧显示的浮标向右下拖曳,直至"2015 年 10 月 17 日"末尾;然后按照步骤 5 的方法,单击"右对齐"按钮,如图 8-29 所示。

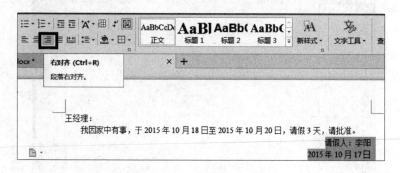

图 8-29　设置落款右对齐

步骤 8:单击顶部"保存"按钮,在"本地"选项卡中选择"我的文档"作为保存位置,然后在底部单击"文档(1)"文本,进入编辑状态,将其修改为"事假请假条"。单击"保存类型"右侧的倒三角按钮,在弹出的列表框中选择.docx,如图 8-30 所示。最后,单击"保存"按钮。

图 8-30　保存文档

(二) 打开并编辑 Excel 电子表格

打开"产品价格表"电子表格,然后使用金山 WPS Office 移动版编辑工作表 Sheet2,要求根据价格从低到高排序,具体操作如下所述。

步骤 1：启动金山 WPS Office 移动版程序,打开电子表格,如图 8-31 所示。

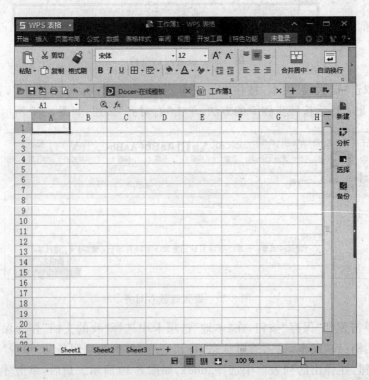

图 8-31　打开电子表格

步骤2：打开"产品价格表"电子表格，展开工作表内容。

步骤3：单击"产品价格表"单元格，单元格左上角和右下角显示两个控制点。按住右下角控制点拖曳至 D1 单元格，然后向右滑动功能条，在"单元格"组中单击"合并拆分"按钮，如图 8-32 所示。

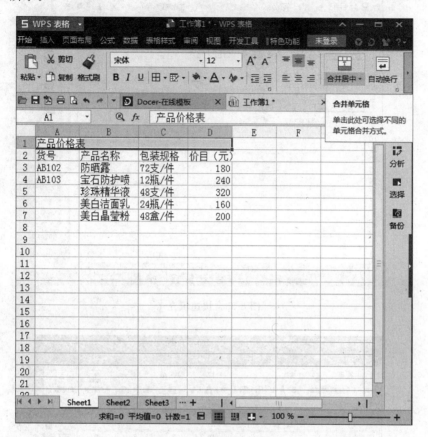

图 8-32　合并单元格

步骤4：在功能条的"字体"组中单击"字体"按钮，在弹出的列表框中单击"字号"按钮，在弹出的下拉列表中选择 18；然后单击"字体颜色"按钮，在弹出的列表中选择"红色"。

步骤5：选中 A3、A4 单元格，然后拖曳右下角的拖曳柄，对 A4 下方单元格快速填充，填充的内容根据 A3、A4 单元格内容的规律来确定，如图 8-33 所示。

步骤6：松开鼠标，单元格显示快速填充的内容，如图 8-34 所示。

步骤7：单击"数据"选项卡中的"降序"按钮，数据表中的内容将有序排放，按照价格由高到低显示，如图 8-35 所示。

步骤8：选择"文件"菜单的"保存"命令，保存表格，如图 8-36 所示。

（三）创建并编辑演示文稿

使用金山 WPS Office 移动版创建的网络模板，输入"感恩节活动"内容，并对演示文稿进行编辑，具体操作如下所述。

步骤1：启动金山 WPS Office 移动版程序。单击顶部的"创建"按钮，然后在下方的功能条中单击"新建文档"按钮。在顶部选择"网络模板"选项卡，在其中单击"感恩节漫画"按

图 8-33 快速填充 1

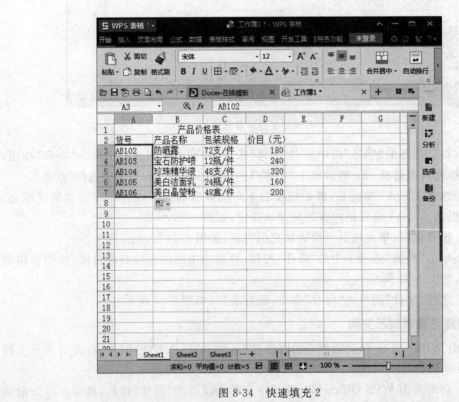

图 8-34 快速填充 2

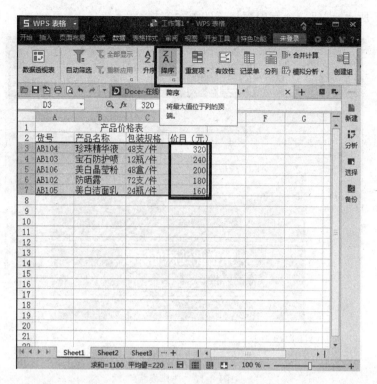

图 8-35　排序

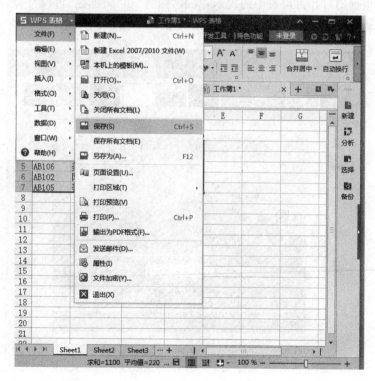

图 8-36　保存电子表格

钮,如图 8-37 所示,创建一个有内容格式的演示文稿。

图 8-37　选择模板

步骤 2:根据幻灯片占位符中的提示,双击"标题"和"副标题"占位符,然后分别输入标题"感恩节活动"和副标题"包头轻工职业技术学院",如图 8-38 所示。

图 8-38　输入标题

步骤3：在底部单击第2张幻灯片缩略图，切换到第2张幻灯片，然后双击标题占位符。输入"活动目的"后，再次双击标题，标题内容将呈选中状态。单击顶部的"字体"按钮，设置字体。

步骤4：双击正文占位符，输入正文文本，然后单击功能条中的按钮，在弹出的列表中选择"艺术字"选项，弹出"艺术字"对话框。输入"感恩"，在幻灯片中插入艺术字，如图8-39所示。

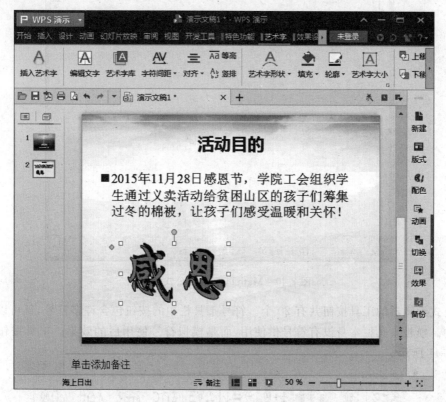

图8-39　插入艺术字

步骤5：单击功能条中的"保存"按钮。

任务3　使用Office公式编辑器

公式编辑器是一种工具软件，用于编辑数学试卷、书籍、报刊、论文、幻灯片演示文稿等，是编辑数学资料的得力工具。

一、任务目标

本任务首先使用MathType数学公式编辑器插入常用的数学公式，然后插入复杂的行业公式。通过本任务的学习，掌握MathType数学公式编辑器的使用方法。

二、相关知识

MathType是一款强大的数学公式编辑器，如图8-40所示，可与常见的文字处理软件和演示程序配合使用，在各种文档中加入复杂的数学公式和符号。

图 8-40 MathType 数学公式编辑器

公式编辑器的工具按钮共有 20 个。符号工具栏中的按钮包含许多符号，且可以输入编辑区中。模板工具栏本身没有符号供使用，而是模拟符号使用后的效果。工具按钮的分类如图 8-41 所示。

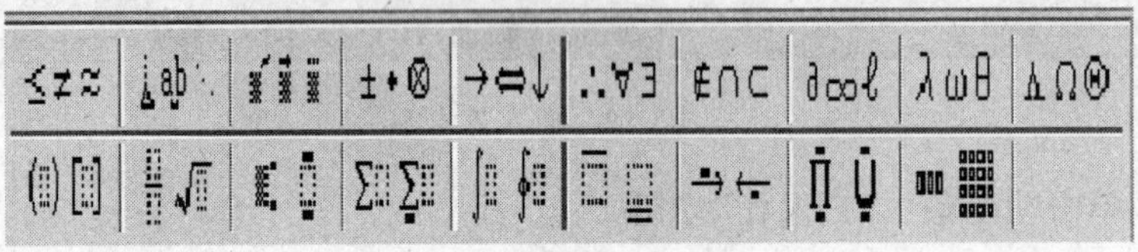

图 8-41 工具按钮的分类

三、任务实施

(一) 插入常用的数学公式

使用数学公式编辑器 MathType 插入如图 8-42 所示的公式，具体操作如下所述。

步骤 1：使用公式编辑器 MathType 插入公式前，先设置英文输入法，否则在中英文切换时可能出现如图 8-43 所示的情况。

$$TC(Q) = \sqrt{2KDK_c \times \left(1 - \dfrac{d}{q}\right)}$$

图 8-42 数学公式

$$(b) = (b)$$

图 8-43 不同输入状态下的括号和字母

步骤 2：双击桌面图标，启动公式编辑器 MathType。

步骤 3：按 Caps Lock 键，将输入法切换到大写状态。首先输入 TC，然后单击"括号"按钮，在弹出的列表框中选择选项，光标插入点将自动定位到括号的虚线框中，如图 8-44 所示，输入 Q。

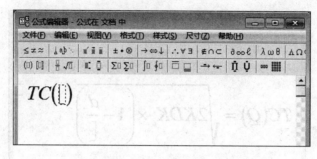

图 8-44　插入括号

步骤 4：将光标插入点定位到反括号后，输入＝；单击"分式和根式"按钮，在弹出的列表框中选择选项，输入 2KDK。

步骤 5：单击"上标和下标"按钮，在弹出的列表框中选择选项，如图 8-45 所示，输入 c。

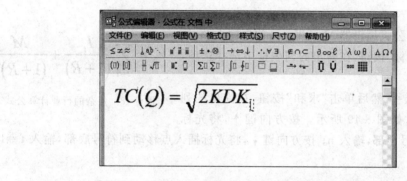

图 8-45　插入下标

步骤 6：按方向键→，将光标插入点移动到下标右侧，然后单击"运算符号"按钮，在弹出的列表框中选择选项，如图 8-46 所示。

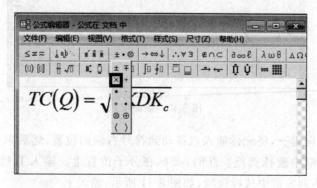

图 8-46　插入乘号

步骤 7：单击"括号"按钮，在弹出的列表框中选择选项，输入 1－。

步骤 8：单击"分式和根式"按钮，在弹出的列表框中选择选项。此时光标在分子位置上，输入 d，然后按方向键↓，将光标插入点移动到分母位置，如图 8-47 所示，输入 q，完成公式插入。

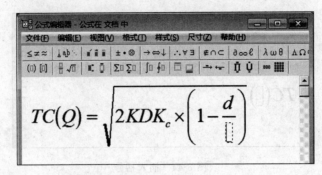

图 8-47　定位鼠标光标

（二）插入复杂的行业计算公式

下面使用数学公式编辑器 MathType 插入如图 8-48 所示的复杂的行业计算公式，具体操作如下所述。

步骤 1：启动公式编辑器 MathType，首先输入 V，然后单击"上标和下标"按钮，在弹出的列表框中选择选项，输入 b。

$$V_b = \sum_{t=1}^{h} \frac{I_t}{(1+R)} + \frac{M}{(1+R)^L}$$

图 8-48　复杂的行业计算公式

步骤 2：输入＝，然后单击"求和"按钮，在弹出的列表框中选择选项，如图 8-49 所示。按方向键↑，将光标输入点移动到符号顶部，输入 h；按方向键↓，将光标插入点移动到符号底部，输入 t＝1，如图 8-50 所示。

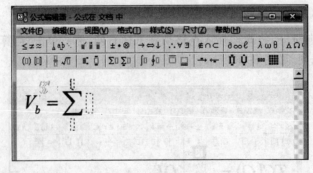

图 8-49　插曲求和

步骤 3：按方向键→，将光标插入点移动到符号右侧的位置，然后单击"分式和根式"按钮，在弹出的列表框中选择选项。此时，光标在分子位置上。输入 I，然后单击"上标和下标"按钮，在弹出的列表框中选择选项，如图 8-51 所示，输入 t。

步骤 4：按方向键↓，将光标插入点移动到分母位置，然后单击"括号"按钮，在弹出列表框中选择选项，输入 1＋R。

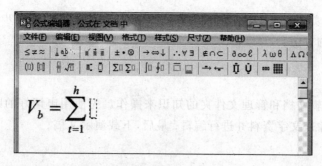

图 8-50 输入条件

图 8-51 在分式中嵌入下标

步骤 5：按方向键→，移动光标插入点，输入＋；然后单击"分式和根式"按钮，在弹出列表框中选择选项。此时，光标在分子位置，然后输入 M。

步骤 6：按方向键↓，将光标插入点移动到分母位置，然后单击"括号"按钮，在弹出的列表框中选择选项，输入 1＋R。

步骤 7：按方向键→，将光标插入点移动到反括号右侧，然后单击"上标和下标"按钮，在弹出的列表框中选择选项，如图 8-52 所示，输入 L，完成公式插入。

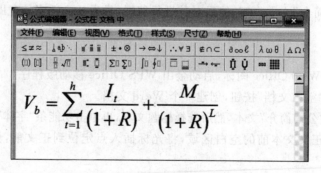

图 8-52 在分式中嵌入上标

实训 1　使用 WPS 轻办公在线办公

【实训要求】

利用 WPS 轻办公制作"公司宣传"演示文稿，要求是总公司输入预先准备好的文字资料和图片。通过本实训的操作,熟悉利用 WPS 轻办公在线办公的操作步骤,以及利用"演示文档"演示文稿的方法。

【实训思路】

运用创建并编辑文档和管理文件夹的知识来操作。先使用申请好的账号登录;然后,浏览并选择模板,输入文字资料并进行编辑;最后,下载演示文稿。

【步骤提示】

步骤1:启动 IE 浏览器,打开 WPS 轻办公登录界面网页。在账户文本框中输入用户名密码,然后单击"登录"按钮。

步骤2:单击"演示文稿"中的"新建"按钮。

步骤3:浏览并选择模板。

步骤4:打开"演示文稿"网页,输入资料,并插入准备好的图片。

步骤5:选择"文件"→"另存为"命令,在右侧单击"下载"按钮,通过 IE 下载器将文档下载到计算机。

实训 2　使用金山 WPS Office 移动办公在手机上办公

【实训要求】

本实训使用金山 WPS Office 移动办公在手机上制作"公司简介"文档。通过本实训,熟悉移动办公的操作方法。

【实训思路】

先输入"公司简介"文本内容,然后对其进行编辑,最后插入适当的配图。

【步骤提示】

步骤1:单击 WPS Office 图标,启动金山 WPS Office 移动版程序。

步骤2:单击"空白文档"按钮,创建一个 Word 文档。

步骤3:输入"公司简介"文本,然后选择标题文本,再单击功能条"字体"按钮进行编辑。

步骤4:单击正文文本前的空白区域,将光标插入点定位到正文前,然后单击"段落布局"按钮设置段首。

步骤5:单击功能条中的按钮,插入图片,然后按住图片四周任一点控制,拖曳调整图片大小。最后,按住图片,拖曳到合适的位置。

常见疑难解析

问:SkyDrive 改名为 OneDrive,通知邮件里说明可以提供 8G 免费空间扩充。具体需要如何操作?

答：扩充的 8G 空间分为两个部分。其中，一个部分的空间上限是 3G，通过手机客户端上传几张照片即可。另一个部分的空间上限是 5G，经过同意后，OneDrive 会以用过的名义在 linkedin 和新浪微博上发送状态信息，每增加一个通过该链接注册的 OneDrive 账号，就会获得 0.5G 空间奖励。

问：使用金山 WPS Office 移动版查看 Microsoft Office Word 制作的文档，为什么显示的是乱码？

答：可能是版本兼容的问题，建议先在计算机上使用金山 WPS Office 另存一次，再传送到设备中查看。

拓展知识

1. 公式编辑

随着 Internet 的迅速发展，通过网络获取、发布、共享信息资源成为人们工作、学习、研究、交流的基本手段。基本网页的数学公式编辑解决方案分为以下几类。

（1）基于图片显示：分为普通静态图片和动态生成的图片两种显示方式。前者是直接利用软件制作数学公式图片，然后上传到网络服务器，其主要缺陷是占用网络资源较大，且公式数据无法重用；后者是服务器接收到公式备注信息后，动态生成图片并发送到网络终端，但公式备注信息需要通过深入学习才能理解和使用，对于网络交互使用十分方便。

（2）基于数学公式标记语言：需要在支持 MathML 的浏览器中才可以显示。占市场主流的 IE 浏览器都不支持 MathML。从国际互联网协会网站收录的情况来看，主流 IE 浏览器下显示和编辑数学公式的方案，无一例外地需要安装额外的软件或插件。

（3）基于 HTML 语言：JavaScript Math Editor 是基于 CKEditor、jQuery、MathQuill 等组建开发的轻量级、开放源代码、所见即所得、无任何插件的在线公式编辑器。CKEditor 和 jQuery 应用十分广泛。MathQuill 使用 HTML＋CSS＋JS 实现公式编辑效果。

2. 添加常用公式

数学公式编辑器 MathType 的一大特色就是可以自己添加或删除一些常用公式。添加的方法是：先输入要添加的公式，然后选中该公式，再将其拖动到公示栏中的适当位置。删除的方法是：右击工具图标，然后选择"删除"命令。

课后练习

（1）注册并登录轻办公，完成以下操作。

① 打开"轻办公"网页，注册用户。

② 创建空白 Word 文档，输入并编辑"产品宣传"文本。

③ 将文档保存并下载到计算机中。

（2）使用金山 WPS Office 移动版程序。

① 启动金山 WPS Office 移动版程序，单击"空白表格"按钮，创建空白电子表格。

② 输入并编辑"学生成绩"表格，然后通过"筛选"按钮，将学生成绩从高到低排序。

③ 上传到 OneDrive 后，下载到计算机中。

(3) 使用公式编辑器 MathType，插入如图 8-53 所示的公式。

$$V_b = \sum_{t=1}^{h} \frac{I_t}{(1+R)} + \frac{M}{(1+R)^L}$$

图 8-53 数学公式

　　步骤6：打开"编辑菜单"窗口，在"模板"选项卡中设置使用菜单的类型、类别和模板样式，如图 9-12 所示，然后单击"下一个"按钮。

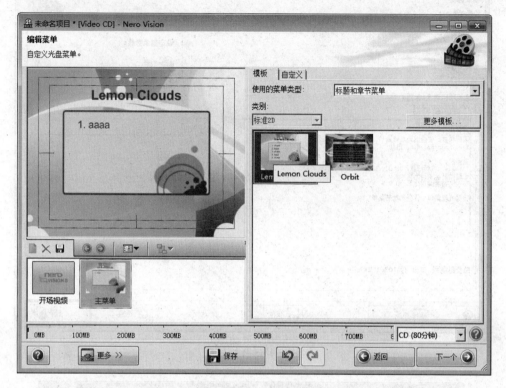

图 9-12　设置菜单模板

　　步骤7：在打开的"预览"窗口中检查项目设置后的效果。确认无误后，单击"下一个"按钮。

　　步骤8：打开"刻录选项"窗口，设置刻录的相关参数，如图 9-13 所示。单击"刻录"按钮，系统开始执行刻录操作。

（四）复制光盘

　　利用 Nero Express 可以复制整张 CD 或 DVD 光盘，留作备份，具体操作如下所述。

　　步骤1：选择"开始"→"所有程序"→Nero→Nero10→Nero Express 菜单命令，打开 Nero Express 窗口；然后单击左侧的"映像、项目、复制"按钮，在右侧选择"复制整张 CD"选项，如图 9-14 所示。

　　步骤2：打开"选择来源及目的地"窗口，将要复制的光盘放入光驱，在"源驱动器"和"目标驱动器"下拉列表框中选择所需的源驱动器和目标驱动器。一般保持默认设置，如图 9-15 所示，然后单击"复制"按钮。

　　步骤3：开始复制操作，并显示光盘的刻录进度。

　　步骤4：完成复制后，自动弹出插入光驱的光盘，然后提示插入另一张空白光盘，继续将创建的影像刻录到新光盘中。

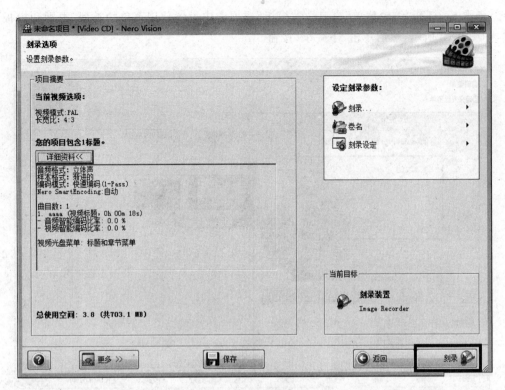

图 9-13　开始刻录

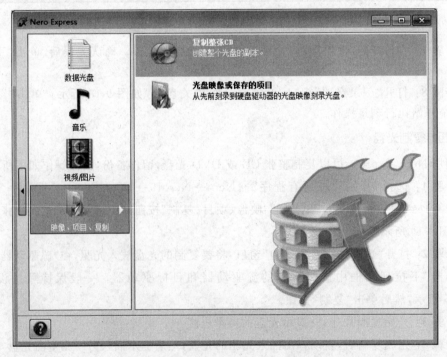

图 9-14　选择"复制整张 CD"选项

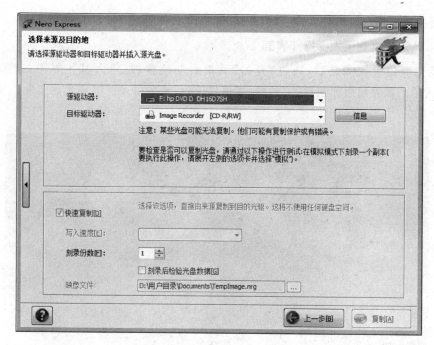

图 9-15　选择来源及目的地

任务 2　使用光盘刻录大师

光盘刻录大师是一款可制作、编辑、转换光盘映像文件的工具软件,其功能强大,且方便实用。使用它,可以直接编辑 ISO 文件,也能从 ISO 中提取文件和目录,还可以制作音频、视频等。

一、任务目标

本任务将利用光盘刻录大师软件制作光盘映像文件,以方便文件的传输,主要操作包括创建映像文件、提供映像文件、编辑映像文件,以及刻录音频、视频光盘等。通过本任务的学习,掌握使用光盘刻录大师制作光盘映像文件等基本操作。

二、相关知识

在使用光盘刻录大师制作光盘映像文件之前,应了解什么是光盘映像文件。下面将简单介绍。

(一)什么是光盘映像文件

映像文件是将资料和程序相结合形成的文件。它将资料经过格式转换后,在硬盘上存储与目的光盘内容完全一样的文件,之后便可将该文件以 1:1 对应的方式刻入光盘。在制作映像文件之前,需先整理硬盘中的资料并扫描磁盘,并且需要在硬盘中预留足够的空间来存储映像文件。光盘映像文件的存储格式和光盘文件相同,形式上只有一个文件,可以真实反映光盘的内容。使用刻录软件或者镜像文件制作工具即可创建光盘映像文件。常见的镜像文件格式有 ISO、IMG、BIN、VCD、NRG、CDI、MCD 等。其中,ISO 是以 ISO-9660 格式保存的光盘镜像文件,是最常用的光盘镜像格式,支持大多数刻录软件及虚拟光驱软件。

(二)认识光盘刻录大师操作界面

安装光盘刻录大师之后,通过"开始"菜单启动该软件,进入其主界面,如图 9-16～图 9-18 所示。该界面由标题栏、工具栏、本地目录栏、光盘目录栏以及光盘文件栏和本地文件栏等组成。

图 9-16 "光盘刻录大师"操作界面

图 9-17 "光盘刻录大师"视频工具操作界面

图 9-18 "光盘刻录大师"音频工具操作界面

三、任务实施

(一) 创建映像文件

创建光盘映像文件的操作方法如下所述。

步骤1：选择"开始"→"所有程序"→"光盘刻录大师"菜单命令，启动光盘刻录大师软件，进入其操作界面。

步骤2：把需要制作成映像文件的光盘放入光驱，然后在光盘刻录大师软件界面中选择"工具"→"制作光盘映像"菜单命令，如图 9-19 所示。

步骤3：在打开的"制作光盘映像文件"对话框中设置读取选项和指定输出映像文件的文件名和保存路径，并设置输出路径，然后单击"开始压制"按钮，如图 9-20 所示。

步骤4：开始制作光盘映像文件。完成后，在打开的提示对话框中单击"是"按钮，打开"处理进度"对话框，显示制作的进度，如图 9-21 所示。

步骤5：制作完成后，弹出提示对话框。单击"是"按钮，即可在光盘刻录大师界面中打开映像文件进行查看。用户也可以到计算机中存放映像文件的位置进行查看。

(二) 创建数据光盘

创建数据光盘是指将计算机本地磁盘中的多个文件或文件夹制作成数据光盘，以便存放和携带，具体操作如下所述。

步骤1：启动光盘刻录大师，在程序运行界面的"刻录工具"中选择"刻录数据光盘"命令，如图 9-22 所示。

图 9-19　选择命令

图 9-20　"制作光盘映像文件"对话框

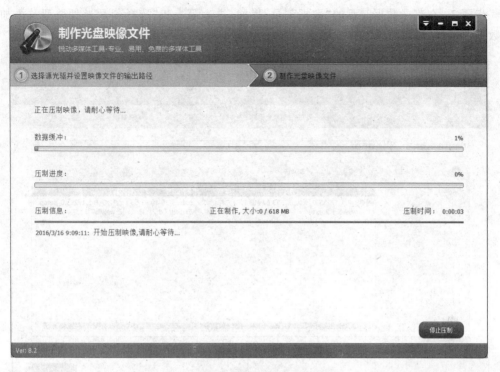

图 9-21 显示制作进度

图 9-22 选择刻录数据光盘

步骤 2：在刻录数据光盘的"数据刻录"界面，进入第一步"选择刻录光盘类型及添加刻录数据"，选择"添加目录"或"添加文件"命令，然后单击"下一步"按钮，如图 9-23 所示。

图 9-23　添加数据

步骤 3：选择刻录光驱并设置参数，并选择"保存为"的路径，然后单击"下一步"按钮，如图 9-24 所示。

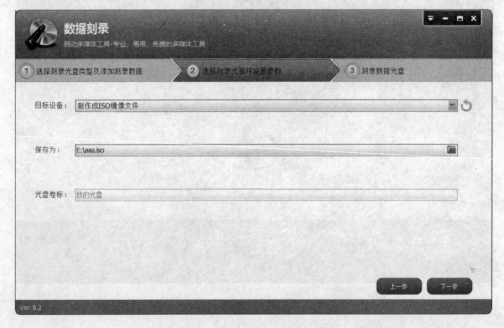

图 9-24　选择刻录光盘并设置参数

步骤4：进入刻录数据光盘界面，显示刻录数据的进度，直至完成，如图9-25所示。

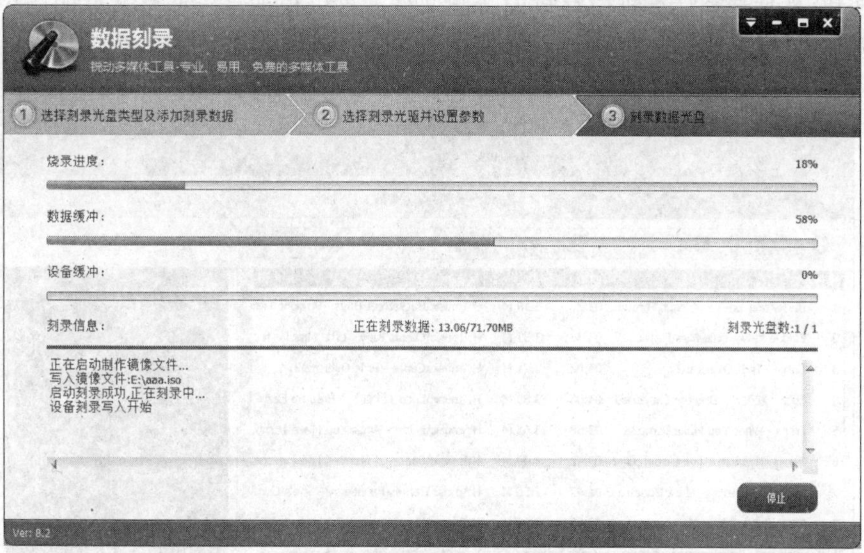

图9-25 光盘刻录进度

（三）创建音频光盘

对于计算机中存放的音频文件，可以使用光盘刻录大师将其刻录成音频光盘，在光驱、汽车等可以播放光盘的设备中播放，具体操作如下所述。

步骤1：启动光盘刻录大师软件，然后选择主界面的"刻录音乐光盘"命令，如图9-26所示。

图9-26 制作音乐光盘

步骤2：进入"刻录音乐光盘"界面。第一步，选择制作光盘类型并添加音乐文件。单击"添加"按钮，然后选择计算机中存放的音频文件。可以根据需求调整文件的顺序（播放顺序），如图9-27所示。

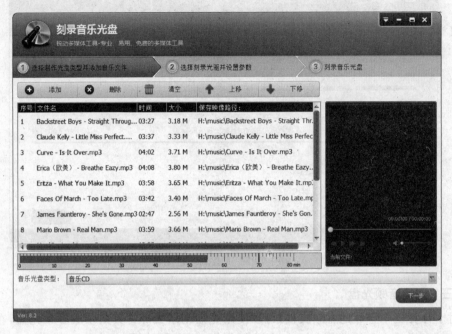

图9-27　选择光盘并添加文件

步骤3：进入刻录音乐光盘的第二步，选择刻录光驱并设置参数。选择保存映像路径，然后单击"开始刻录"按钮，如图9-28所示。

图9-28　选择刻录光驱并设置参数

步骤4：显示刻录进度，直至完成刻录，如图 9-29 所示。

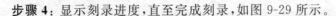

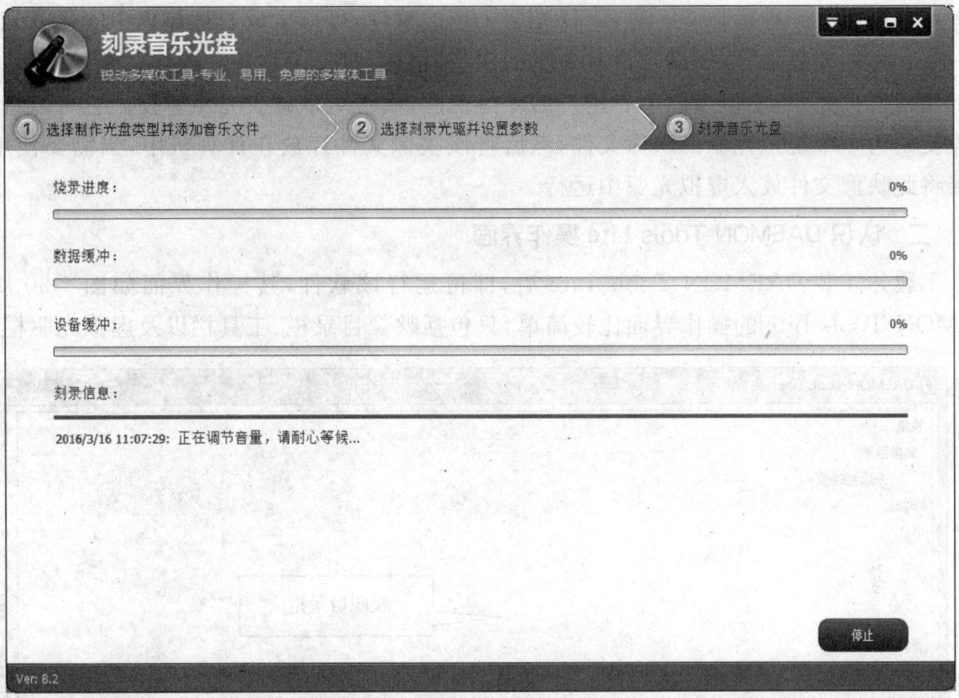

图 9-29 刻录音乐光盘进度

（四）创建视频光盘

对于计算机中存放的视频文件，可以使用光盘刻录大师将其刻录成视频光盘，在光驱、DVD 影碟机等可以播放光盘的设备中播放。其具体操作同音频刻录，这里不再赘述。

任务3 使用 DAEMON Tools 虚拟光驱

DAEMON Tools（虚拟光驱）是一款功能强大且免费的虚拟光驱软件。它支持 ISO、CCD、CUD 和 MDS 等各种标准映像文件，且支持物理光驱的特性，如光盘的自动运行等。除此之外，它还可以模拟备份、合并保护盘的软件、备份 SafeDisc 保护的软件等。

一、任务目标

本任务需要安装虚拟光驱软件 DAEMON Tools Lite，然后设置并查看虚拟光驱数目；准备映像文件，然后在虚拟光驱中加载映像文件；使用映像文件之后，进行卸载。通过本任务的学习，掌握使用 DAEMON Tools 虚拟光驱装载和卸载映像文件的基本操作。

二、相关知识

在使用 DAEMON Tools 虚拟光驱之前，需要了解什么是虚拟光驱，以及虚拟光驱的作用。下面将简单介绍。

（一）什么是虚拟光驱

虚拟光驱是一种模拟 CD 和 DVD 光驱工作的软件，可以生成和计算机中安装的光驱功能一模一样的光盘映像，以满足没有光驱的用户通过光盘安装软件和操作系统的需要。

使用虚拟光驱，不但可以节省用户的硬盘空间，而且可以减少光驱磨损。它可以将整张光盘复制为一个虚拟光驱的映像文件，然后将该映像文件存放在计算机中，当需要使用时，直接将此映像文件放入虚拟光驱中运行。

（二）认识 DAEMON Tools Lite 操作界面

下载并安装 DAEMON Tools Lite 后，即可运行该软件，其操作界面如图 9-30 所示。DAMON Tools Lite 的操作界面比较简单，只包括映像目录栏、工具栏以及虚拟光驱栏。

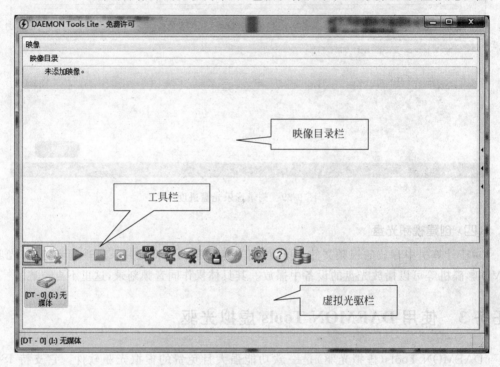

图 9-30　DAEMON Tools Lite 操作界面

三、任务实施

（一）创建 DT 虚拟光驱

DAEMON Tools Lite 最多支持 4 个虚拟光驱，一般情况下设置 1 个即可。安装游戏时，若安装程序中有 4 个映像文件，需要设置 4 个虚拟光驱。创建 DT 虚拟光驱的操作如下所述。

步骤 1：安装 DAEMON Tools Lite 后，选择"开始"→"所有程序"→DAEMON Tools Lite 菜单命令，程序自动检测虚拟设备。完成后，弹出主界面，其中默认创建一个 DT 虚拟光驱，如图 9-31 所示。

步骤 2：在工具栏单击"添加 DT 虚拟光驱"按钮，将提示"正在添加虚拟设备"，便可添加 DT 虚拟光驱。打开"计算机"窗口，可以看到有两个虚拟光驱图标，如图 9-32 所示。

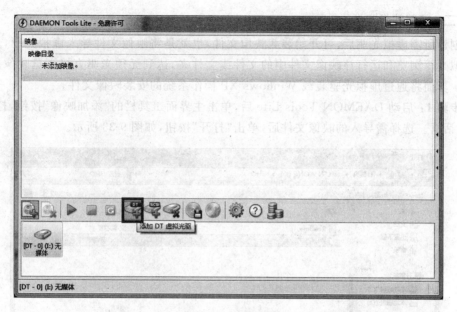

图 9-31 选择操作

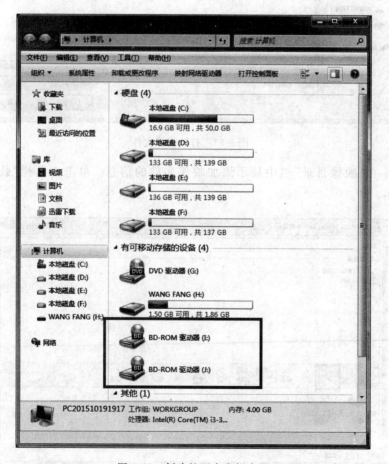

图 9-32 创建的两个虚拟光驱

（二）装载映像文件

创建所需虚拟光驱后，可开始装载映像文件，也就是将映像文件导入虚拟光驱，然后通过虚拟光驱浏览和运行该映像文件中的文件或文件夹，达到无须光驱直接浏览映像文件的目的。下面将通过虚拟光驱装载 Windows XP 操作系统的安装映像文件。

步骤 1：启动 DAEMON Tools Lite 后，单击主界面工具栏的"添加映像"按钮，打开"打开"对话框。选择需导入的映像文件后，单击"打开"按钮，如图 9-33 所示。

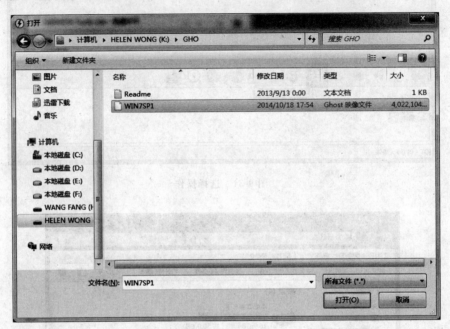

图 9-33 打开映像文件

步骤 2：在"映像目录"栏中显示添加映像文件的信息。单击工具栏"载入"按钮，如图 9-34 所示。

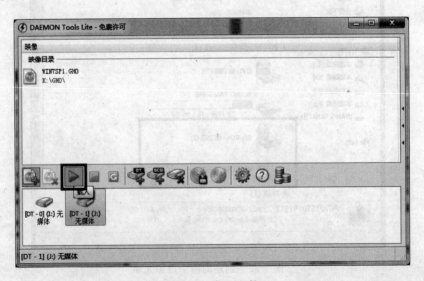

图 9-34 载入文件

步骤 3：打开"设备"对话框，选择需要装载的虚拟光驱，然后单击"确定"按钮，如图 9-35 所示。

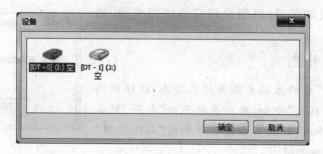

图 9-35　选择虚拟光驱设备

步骤 4：开始装载映像文件。完成后，在主界面中将增加一个"最近使用的映像"栏，同时下方的虚拟光驱图标变为光盘图标，并显示光盘名称，如图 9-36 所示。

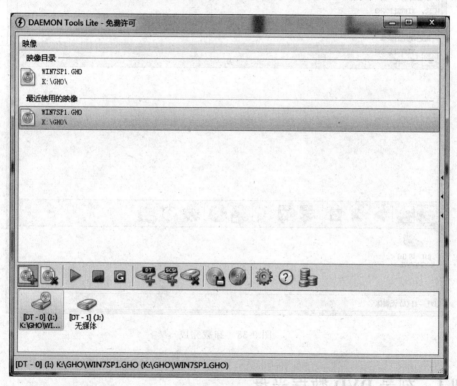

图 9-36　装载完成

步骤 5：打开"计算机"窗口，双击载入后的光驱图标打开光盘，然后双击其中的 setup，安装程序文件即可开始安装系统，与物理光驱的使用方法相同。

（三）卸载映像光驱文件

如果要在已经装载映像文件的虚拟光驱中装载其他映像文件，需要将原来的映像文件从虚拟光驱中卸载，具体操作如下所述。

步骤 1：在 DAEMON Tools Lite 主界面选择要卸载的虚拟光驱，然后在工具栏单

击"移除虚拟光驱"按钮,打开如图 9-37 所示的提示对话框。单击"是"按钮,卸载映像
文件。

步骤 2:完成卸载后,将删除相应的虚拟光驱,如
图 9-38 所示。

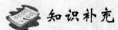 知识补充

在"光盘文件"栏的虚拟光驱图标上右击,在弹出的
快捷菜单中选择"载入"命令,然后在打开的"打开"对话
框中选择映像文件,同时利用右键菜单中的"移除光驱"
命令,也可移除虚拟光驱。

图 9-37 提示对话框

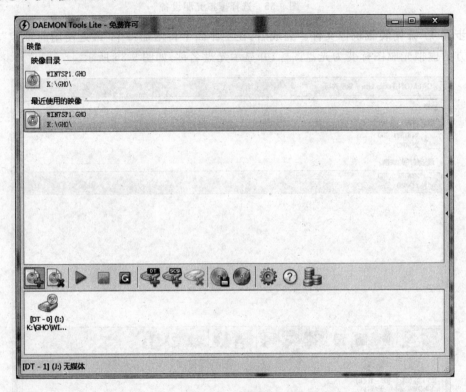

图 9-38 卸载完成

实训 1 刻录 DVD 数据光盘

【实训要求】

DVD(Digital Versatile Disc)的中文名称为数字多功能光盘,是一种光盘存储器,其容
量比 VCD 大。本实训要求使用 Nero 的 Nero StartSmart 程序来刻录数据光盘,即将计算
机存储的文件或文件夹刻录到当前光盘中。通过本实训,进一步巩固使用 Nero 刻录数据
光盘的操作。

【实训思路】

本实训要求刻录 DVD 数据光盘。在刻录过程中需要注意,添加文件的大小不能超过刻录光盘的大小(DVD 光盘不超过 4GB)。首先在光驱中放入空白光盘,然后启动 Nero StartSmart 程序,添加需要刻录的数据进行刻录。利用本实训的操作思路,还可以将计算机中所有重要的数据进行光盘刻录备份。

【步骤提示】

步骤 1:将空白光盘放入具有刻录功能的光驱,然后启动 Nero StartSmart 程序。

步骤 2:单击切换功能区中的"数据刻录"按钮,在打开的"刻录数据光盘"窗口中单击"添加"按钮,添加计算机要刻录的文件数据。

步骤 3:确认要刻录的内容后,单击"刻录"按钮开始刻录。完成后,在"计算机"窗口中双击光驱,查看刻录是否成功。

实训 2 制作安装软件光盘映像

【实训要求】

本实训要求制作安装软件的光盘映像,然后用虚拟光驱装载制作的映像文件。通过本实训,进一步巩固 UltraISO 和 DAEMON Tools Lite 两个软件的操作。

【实训思路】

本实训涉及光盘刻录大师和 DAEMON Tools Lite 两个软件的操作,主要包括创建映像文件、刻录映像光盘和使用虚拟光驱装载映像文件等几个部分。在制作过程中,需要用到光盘刻录大师工具软件的创建和刻录两个功能,也可创建映像文件后运用 Nero 软件刻录映像文件,最后用虚拟光驱读取映像文件。

【步骤提示】

步骤 1:启动 UltraISO 工具软件,在"光盘文件"栏添加需要创建为映像文件的安装程序。这里选择计算机硬盘中的安装程序文件。

步骤 2:选择"文件"→"另存为"菜单命令,打开"ISO 文件另存"对话框,设置映像文件的名称和保存位置,然后单击"保存"按钮。

步骤 3:成功创建映像文件后,选择"工具"→"刻录光盘映像"菜单命令。

步骤 4:打开"刻录光盘映像"对话框,然后将光盘放入光驱。选择要刻录的映像文件,并设置刻录选项,然后单击"刻录"按钮。

步骤 5:启动 DAEMON Tools Lite,单击主界面工具栏的"添加文件"按钮,打开"打开"对话框,选择用 UltraISO 制作的映像文件,然后单击"打开"按钮。

步骤 6:选择打开的映像文件,然后单击 DAEMON Tools Lite 工具栏的"载入"按钮,开始装载映像文件。完成后,查看和使用虚拟光驱的映像文件内容。

常见疑难解析

问：利用 DAEMON Tools Lite 软件也可以制作光盘映像吗？

答：可以，方法为：装载映像文件后，在主界面的工具栏单击"制作光盘映像"按钮，打开"光盘映像"对话框，然后设置保存位置等参数，开始制作光盘映像。

问：除了文中介绍的使用光盘刻录大师创建和编辑映像文件的方法，在光盘刻录大师中还可以使用其他方法提取和编辑映像文件吗？

答：在光盘刻录大师中有另外的提取和编辑映像文件的方法，其操作为：在"光盘文件"栏需提取和编辑的文件中右击，在弹出的快捷菜单中选择"提取到"命令，然后在打开的"浏览文件夹"对话框中选择文件的保存位置，最后单击"确定"按钮，即可执行文件提取操作。选择"重命名"命令和"删除"命令等，可执行相应的编辑操作。在右键菜单中选择"文件属性"命令，还可以设置"隐藏文件"等属性。

问：在刻录光盘的过程中需要注意什么问题？

答：在刻录光盘时，需注意文件格式以及光盘存储容量等问题，具体讲解如下：为了最大限度地利用光盘中的所有空白区间，在刻录前，应检查要刻录文件的大小。同时，Nero 默认多重区段光盘刻录，因此可以对已经刻录过数据的光盘进行二次刻录。

一般情况下，正常运行光驱都会减慢计算机的运行速度，而使用光驱刻录光盘消耗的系统资源较大，如果此时再运行其他程序，可能导致数据传输过程不顺畅，因此在刻录光盘的过程中，尽量不要运行其他程序，或者在刻录之前把所有无用的应用程序关掉。安装和使用 Nero 软件都需要占用较多的磁盘空间，因此磁盘上要有足够的空间。刻录光盘时，也可先将空白盘放入光驱，然后选择相应的选项，即可启动 Nero Express 或 Nero Burning ROM 进行光盘刻录操作。

拓展知识

1. 使用光盘刻录大师提取引导光盘中的文件

使用光盘刻录大师映像工具软件还可以提取可引导光盘映像文件中的引导文件，具体操作为：启动光盘刻录大师软件，在光驱中插入一张具有系统引导功能的光盘，然后选择"启动"→"从 CD/DVD 提取引导文件"菜单命令，在打开的"提取引导文件"对话框中选择需提取的引导文件，再单击"制作"按钮。系统开始读取光盘中的引导信息，并在指定的位置保存引导文件。完成后，单击"确定"按钮。

2. 使用 UltraISO 刻录光盘映像

使用 UltraISO 映像工具软件还可以刻录光盘映像，具体操作为：将空白光盘放入刻录机，在 UltraISO 软件界面中选择"工具"→"刻录光盘映像"菜单命令，打开"刻录光盘映像"对话框；单击"映像文件"右侧的按钮，在打开的对话框中选择要刻录的映像文件，然后设置相应的刻录选项；确认后，单击"刻录"按钮，开始刻录光盘映像。

3. 复制光盘工具 CloneCD

CloneCD 是一款专用于复制光盘的软件。不管光盘是否加密，它都能以 1∶1 的方式复制 CD 光盘。启动 CloneCD 后,进入主界面;单击"复制"按钮,然后根据提示选择源光驱,再选择复制的类型以及存放映像文件的位置,开始创建映像文件;在提示插入目标光盘时插入光盘,并设置刻录速度和光盘类型,开始刻录光盘。

4. 光盘加密技术

通过设置密码或对文件隐藏,可对光盘加密。下面介绍几种常见的加密技术。

(1) 光盘密码识别技术:使用光盘口令识别技术加密的光盘,在运行时需要输入密码。没有正确的密码,就无法运行光盘或查看光盘中的目录和文件。

(2) 光盘可执行文件加密技术:其基本原理是运行加密后的 EXE 文件时需要读取光盘中特定位置的特定信息,加密后的 EXE 文件只能在光盘上运行,复制到硬盘上将无法运行。

(3) 隐藏文件和文件夹加密技术:它并非在 Windows 下修改其属性为"隐藏",而是对光盘目录区的属性标志进行修改,达到隐藏文件或文件夹的目的。

课后练习

(1) 使用 Nero 中的 Nero Express,将喜欢的音乐制作在一张光盘中。

(2) 使用 Nero 中的 Nero Express 创建数据备份光盘。

(3) 将计算机中保存的视频文件刻录在 VCD 视频光盘中,然后通过 VCD 播放。

(4) 在光驱中放入一张有数据的光盘,然后使用 Nero 复制数据并保存到计算机的某个文件夹中。

(5) 使用光盘刻录大师,将计算机中的 Word 文档创建为映像文件,并利用 DAEMON Tools Lite 虚拟光驱打开、查看。

(6) 使用 Nero 软件中的 Nero Burning ROM 应用程序,利用该软件中的多重区段光盘功能,将计算机中的图片文件追加刻录到已有数据的光盘中。

(7) 从网上下载一个大型的游戏安装映像文件或软件安装程序映像文件,然后利用光盘刻录大师提取映像文件中的文件,再用 DAEMON Tools Lite 虚拟光驱装载映像文件,对比两种操作的区别。

参 考 文 献

[1] 尹刚,刘洋.教程工具软件[M].北京：中国水利水电出版社,2008.

[2] 陈盈.计算机常用工具软件实用教程[M].北京：清华大学出版社,2010.

[3] 陈建国.计算机常用工具软件教程[M].北京：中国水利水电出版社,2011.

[4] 段标.常用工具软件[M].北京：清华大学出版社,2007.